浙江省重点教材建设项目
机械工程实践教学系列教材

机械工程项目实践教程

潘柏松　　梁利华　编著

科学出版社
北　京

内 容 简 介

　　本书是在教育部人才培养模式创新实验区、卓越工程师教育培养计划、专业综合改革等高等教育质量工程项目试点的基础上，结合编者近二十年指导学生开展项目实践的经验，以机械产品设计开发实践为主线，编写的机械工程类专业项目实践教程。

　　本书内容包括：机械工程项目实践概论、机械工程项目管理、机械工程调查研究项目实践、机械产品设计项目实践、机械产品工程分析研究项目实践、机械产品样机制造实践。书中还给出各类项目实践的选题指南和案例。

　　本书可作为高等工科院校机械工程类专业开展综合项目实践教学用书，调查研究类课程项目实践、设计类课程项目实践、工程分析课程项目实践、制造类课程项目实践的指导用书，也可以作为国家大学生创新性实验计划项目、大学生机械创新设计大赛、大学生工程训练大赛、科技创新活动项目等指导用书。

图书在版编目 (CIP) 数据

机械工程项目实践教程 /潘柏松，梁利华编著. —北京：科学出版社，2015.3

浙江省重点教材建设项目. 机械工程实践教学系列教材

ISBN 978-7-03-043588-0

Ⅰ．①机…　Ⅱ．①潘…　②梁…　Ⅲ．①机械工程－高等学校－教材　Ⅳ．①TH

中国版本图书馆 CIP 数据核字 (2015) 第 044049 号

责任编辑：毛　莹　张丽花 / 责任校对：郭瑞芝
责任印制：张　伟 / 封面设计：迷底书装

科学出版社 出版
北京东黄城根北街 16 号
邮政编码：100717
http://www.sciencep.com
固安县铭成印刷有限公司 印刷
科学出版社发行　各地新华书店经销

*

2015 年 3 月第　一　版　开本：720×1 000　1/16
2023 年 1 月第六次印刷　印张：12 1/2
字数：253 000
定价：**55.00 元**
（如有印装质量问题，我社负责调换）

序

工程创新意识和工程实践能力是现代工程师必备的素质和能力。在中国面临产业转型升级、由制造业大国向制造业强国发展的当下，尤其需要加强未来工程师——工科大学生的创新精神和实践能力培养，因此深化高校人才培养中的实践教学改革已非常迫切。

但是，实践教学是当今中国大学教学改革中最难的领域之一。在教育理念上，我国高校精英教育时期的大学科学教育价值取向仍有广泛而深刻的影响，学术指挥棒过多地吸引了师生的精力和注意力。从实践教学本身分析，其改革不仅具有内在的系统性，还需要与人才培养模式和专业培养计划的改革相呼应，牵一发而动全身，使之难度较大。另一个瓶颈则是目前高校的学生规模越来越大，企业内在的管理要求越来越高，在校生下企业实践越来越困难。

目前，国内已有不少高校在工科专业的课程体系和实践教学等方面进行了改革，浙江省高校也开展了有益的探索并取得了一定的成效。为了总结凝炼工程实践教学改革的成果，引导和服务更多高校开展机械工程实践教学改革，进一步提高本科生创新与实践能力，浙江省高等学校机械工程教学指导委员会在浙江省重点教材建设项目的资助下，组织编写了这套机械工程实践教学系列教材。

机械工程实践教学系列教材包括工程训练、实验教学、项目教学和设计竞赛四个方面。教材的编写倡导以学生为中心、教师为主导的教学模式，把传统的依附于理论的、分散的、被动的、相对封闭的实践教学模式转变为以学生自主为主、相对集成和开放的实践教学模式，融创新精神培养于其中。在认知型工程实践教学的基础上，给予学生更大的自主思维空间，相当比例的实践项目让学生自主选题、自主设计方案、自主完成项目，激发学生投入工程实践和创新活动的兴趣，从中掌握基本的工程实践与创新方法，在相对真实的工程实践环境中培养解决工程实际问题的能力。

出版这套系列教材，凝聚了编者的大量心血和改革勇气，同时也是一项探索性的工作，需要不断改进与完善。能够促进机械类专业本科学生的实践教学改革，便是我们出版这套系列教材的最大愿望。

浙江省高等学校机械工程教学指导委员会主任

盛颂恩

前　言

当今世界，科学技术日新月异，科技创新精彩纷呈，一场以信息、能源、材料、生物和节能环保技术为代表的科技革命和产业革命正在我们身边悄然发生，全球进入空前的创新密集和产业变革时代。信息技术引领机械产品向智能化方向发展，经济增长模式深度调整的巨大压力推动机械产品绿色化发展。重大技术创新将更多地出现在学科交叉领域，各类技术之间的相互交融也将更加频繁，将会产生新的技术系统变革、重大学科突破以及新一轮科技革命及产业革命。现代机械工程师面临着更为复杂的工程问题，需要具备更强的发现问题和解决工程问题的能力。显然，传统的以学科知识为中心的机械工程专业学习模式和以学科知识应用为目的的工程实践模式，难以满足现代机械工程师的培养要求。

机械工程项目实践是针对机械工程技术与产品的社会需求或各类机械工程问题，运用各种资源和现代化工具，以团队形式开展机械产品设计或机械工程技术研究活动，形成具有社会、经济价值的产品或技术成果，从而获得发现问题、分析问题和解决问题以及交流沟通与团队领导的经验和能力。本书在教育部人才培养模式创新实验区、卓越工程师教育培养计划、专业综合改革等高等教育质量工程项目试点的基础上，以机械产品设计开发实践为主线，介绍了调查研究、工程设计、工程分析研究三类项目和样机制作实践的选题、方法和步骤。既可以作为从需求调查、设计、分析研究到样机制作等全过程、综合性产品设计开发项目实践的学习教程，也可以作为单元实践项目的学习教程。此外，结合案例介绍了机械工程项目管理的知识和方法，便于在项目实践过程中应用科学管理方法开展团队领导和沟通协作。选题是项目实践的难点和关键，本书还介绍了选题的方法和流程，给出了选题方向和建议主题，从而启发高低不同年级同学的选题思路。

本书的具体分工如下：潘柏松编写第 1 章，王亚良、胡珏编写第 2 章，潘柏松、陈玲江编写第 3 章，鲍官军、潘柏松、梁利华编写第 4 章，俞亚新、梁利华编写第 5 章，吴坚、胡小平、梁利华、徐进、纪华伟、于保华编写第 6 章。

由于编者水平有限，书中的不足之处在所难免，恳请各位读者批评指正。

编　者
2014 年 12 月

目　　录

第1章 机械工程项目实践概论

1.1 现代机械工程技术概述[1]

机械工程技术是以自然科学和技术科学为理论基础，结合生产实践中的技术经验，研究和解决设计、制造、安装、使用维修各种机械中的理论和实际问题的应用科学。各种机械的发明、设计、加工与制造以及使用与维修所涉及的技术均属于机械工程技术的范畴。

当今世界，科学技术日新月异，科技创新精彩纷呈，一场以信息、能源、材料、生物和节能环保技术为代表的科技革命和产业革命正在我们身边悄然发生，全球进入空前的创新密集和产业变革时代。信息技术向其他领域加速渗透并向深度发展，将引发以智能、泛在、融合为特征的新一轮信息产业变革，引领机械产品向智能化方向发展。经济增长模式深度调整的巨大压力，将促进新型环保节能技术、新能源技术加速突破和广泛应用，推动机械产品绿色化发展。同时，重大技术创新将更多地出现在学科交叉领域，各类技术之间的相互交融也将更加频繁，将会产生新的技术系统变革、重大学科突破以及新一轮科技革命及产业革命。可以预见，在今后的5~20年中，这些技术将发生重大创新突破，并将有可能引发机械工程技术的巨大变革。

机械工程技术与人类社会的发展相伴而行，它的重大突破和应用为人类社会、经济、民生提供丰富的产品和服务，使人类社会的物质生活变得绚丽多彩。未来20年，在市场和创新的双轮驱动下，机械工程技术表现为绿色、智能、超常、融合和服务五大趋势。

(1)绿色。进入21世纪，保护地球环境、保持社会可持续发展已成为世界各国共同关心的议题。加快机械工业从资源消耗、环境污染型向绿色制造的转变，是解决资源环境约束的必然趋势，也是机械工业可持续发展的必由之路。绿色制造是综合考虑环境影响和资源效应的现代制造模式，其目标是使产品从设计、制造、包装、运输、使用到报废处理的整个生命周期中，废弃资源和有害排放物最小，即对环境的影响(副作用)最小，资源利用率最高，并使企业经济效益和社会效益协调优化。

(2)智能。智能制造是制造自动化、数字化、网络化发展的必然结果。智能制造技术是研究制造活动中的各种数据与信息的感知与分析，经验与知识的表示与学习以及基于数据、信息、知识的智能决策与执行的一门综合交叉技术，涵盖产品生命周期中的设计、制造、管理和服务等环节，旨在不断提升制造活动的智能水平。复杂、恶劣、危险、不确定的生产环境、熟练工人的短缺和劳动力成本的上升呼唤着智能制造技术与智能制造的发展和应用。可以预见，21世纪将是智能制造技术获得大发展和广泛应用的时代。

(3)超常。现代基础工业、航空、航天、电子制造业的发展，对机械工程技术提出了新的要求，促成了各种超常态条件下制造技术的诞生。目前，工业发达国家已将超常制造列为重点研究方向，在未来20～30年将加大科研投入，力争取得突破性进展。超常制造的发展方向包括巨系统制造、微纳制造、超常环境下制造、超高性能产品制造、超常成形工艺等。其中，巨系统制造指航天运载工具、数百万吨级的石化设备、数万吨级的模锻设备等极大尺度、极为复杂系统和功能极强设备的制造；微纳指对尺度为微米和纳米量级的零件和部件的制造，如微纳电子器件、微纳光机电系统、分子器件、量子器件、人工视网膜、医用微机器人的制造。

(4)融合。随着信息技术、新材料、生物、新能源等高技术的发展以及社会文化的进步，新技术、新理念与制造技术的融合，将会形成新的制造技术、新的产品和新型制造模式，以至引起技术的重大突破和技术系统的深度变革。就目前可以预见到的，将表现在工艺融合、与信息技术融合、与新材料融合、与纳米技术融合、与文化融合等方面。如车铣镗磨复合加工、激光电弧复合热源焊接、冷热加工等不同工艺通过融合，将出现更高性能的复合机床和全自动柔性生产线；信息技术深度融入机械产品，将出现更高级次的数控设备、数码产品和智能设备；文化更多地融入产品设计、服务过程，使汽车、家用电器、电子通信产品、医疗设备等产品的功能得以大幅度扩展与提升，更好地体现人文理念和为民生服务的特性。

(5)服务。工业发达国家早已从生产型制造向服务型制造转变，从重视产品设计与制造技术的开发，到同时重视产品使用与维护技术的开发，通过提供高技术含量的制造服务，获得比销售实物产品更高的利润。一些世界著名公司，制造服务收入占总销售收入的比例高达50%以上。未来20年，将是我国的机械工业由生产型制造向服务型制造转变的时期，服务型制造将成为一种新的产业形态，制造型服务技术将成为机械工程技术的重要组成部分。由于信息技术、传感技术、非接触式检测技术以及远程信息传输和控制技术的发展，服务将呈现由局域发展到全球、由离线转向在线、由被动转向主动三大转变。未来为服务型制造服务的机械工程技术将具有知识性、集成性和战略性三大特点，从支持低附加值服务的技术向支持高附加值服务的技术发展，这些技术更具知识性和高技术性，如机械产品远程监控与诊断技术及设备健康维护技术；通过技术集成达到服务功能集成，如将机械产品实物和服务集成为整体解决方案销售给客户；通过机械产品剩余价值与寿命评估等技术服务，为客户提供制订发展战略或经营策略的依据。

1.2　现代机械工程师的培养标准

传统工程师的职责一般专注技术问题,导致传统机械工程教育仅关注技术领域。实践证明,这种思想和理念脱离了工程的本来面目。1994 年,美国工程教育学会发表了《面对变化世界的工程教育》一文;同年,麻省理工学院(MIT)工学院院长乔尔·莫西斯提出了该院名为《大工程观与工程集成教育》的长期规划;1995 年,美国国家科学基金会发表了《重建工程教育:集中于变革——NSF 工程教育专题讨论会报告》。这一系列的报告集中体现了一种思想,那就是面对变化的当今世界,工程教育必须改革。美国工程教育掀起了"回归工程"的浪潮,提出建立"大工程观"。这一理念主要是针对传统工程教育过分强调专业化、科学化从而割裂了工程本身这种现象提出来的,所谓"回归工程",这一涵义不再是狭窄的科学与技术涵义,而是建立在科学与技术之上的包括社会、经济、文化、道德、环境等多因素的大工程涵义[2]。因此,现代工程师应该深刻理解大工程的涵义,不仅要掌握专业技术知识和能力,更应该掌握全面考虑社会、经济、文化、道德、环境等多因素的机械工程专业系统技术能力。

机械工程技术的绿色、智能、超常、融合和服务五大趋势,使得现代机械工程表现为多学科交叉和集成,要求工程师按照项目逻辑而不是学科逻辑开展工作。因此,现代工程师应该具备正确判断和解决工程实际问题的能力,具备良好的交流能力、合作精神以及一定的领导组织能力,要懂得如何去设计和开发复杂的技术系统,如何处理好工程与社会间的复杂关系,要养成终生学习的习惯与能力,既能胜任跨学科的合作,又能适应将来风云多变的职业领域[3]。

世界范围的工程教育经历了从"求实"到"务虚"再到新一轮"求实"的发展历程,这样的发展与不同时期人们对工程教育的功能与使命的思考紧密相关。早期的工程教育源于技艺的传授,工程教育的主要功能就是承担"技术教育"的任务;随着科学主义运动的兴起,科学原理的引入,工程科学成为工程教育的核心,数学与基础科学备受推崇,工程教育进入了"科学教育"时期,远离了工程,脱离了工程实践;与此同时,欧美各国经历了工程教育的多样化时期,欧洲大陆国家建立了技术、科学与非科学综合发展的工程教育模式,美国则在反思了工程教育依附于科学教育的弊端之后,认为工程教育必须更密切地回到工程实践的根本上来。美国麻省理工学院院长维斯特指出:"工程教育必须更紧密地回到工程实践的根本上来"。工学院院长摩西将当年的工程教育改革称为"正在找回工程灵魂"的改革。美国工程教育协会前主席佩奇等指出,工科课程结构应该有一个根本性的变革,要从积木式的线性结构转向整合式的网络结构,突出真实问题求解的教育功能,打破学科界限,强调和发展学生的问题求解、设计和综合能力。这就必然要求工科课程设计体现综合化的趋势,实现课程的纵向与横向的一体化,要求工科教师与其他学科的教师加强合作，减少由于学科界限造成的障碍，采用多种一体化的方式促进工程与其他技术或非技术领域的合作，鼓励学生的跨学科学习。世纪之交，在专业工程学会、工程系主任以及工业界领袖代表的积极参与下，美国工程与技术认证委员会（ABET）颁布了新的标准（Engineering Criteria 2000），规定工程专业的毕业生11条核心能力为：①应用数学、科学和工程知识的能力；②设计并进行实验以及分析和解释实验数据的能力；③在实际约束条件下，如经济、环境、社会、政治、道德、健康与安全、工艺性、可持续性，按要求设计系统、单元或工艺过程的能力；④在多学科组成的团队中发挥作用的能力；⑤发现、确切分析表达以及解决工程问题的能力；⑥理解专业伦理和社会责任；⑦有效沟通的能力；⑧必须具有宽广的知识面，以了解工程问题的解决方案在全球、经济、环境和社会范围内产生的影响；⑨认识到终身学习的必要性，以及从事终身学习的能力；⑩了解当代时事问题；⑪使用工程实践中必需的技术、技能和现代工程工具的能力。要求每个工程专业都要经过评估，以检验是否达到专业效果，并且必须制定和公布教育目标，明确学生毕业前要达到的成就目标，以及毕业后几年内应该达到的职业成就[4]。

为了提高我国高等工程教育的国际竞争力，确保我国高等工程教育与国际高等工程教育体系接轨，我国自2006年3月启动工程教育专业认证相关工作，试点认证工作已稳步进行。积极参与以美国工程技术认证委员会（Accreditation Board for Engineering and Technology，ABET）为主成立的华盛顿协议组织，颁布了"工程教育专业认证标准（试行）"，从认证程序、专业标准、监督与仲裁等方面保证了认证的规范与标准；明确了工程专业认证的通用标准和专业补充标准，规定了工程专业毕业生10条知识、能力与素质的基本要求：①具有较好的人文社会科学素养、较强的社会责任感和良好的工程职业道德；②具有运用工程工作所需的相关数学、自然科学以及经济和管理知识的能力；③具有运用工程基础知识和本专业基本理论知识解决问题的能力，具有系统的工程实践学习经历；了解本专业的前沿发展现状和趋势；④具备设计和实施工程实验的能力，并能够对实验结果进行分析；⑤掌握基本的创新方法，具有追求创新的态度和意识；具有综合运用理论和技术手段设计系统和过程的能力，设计过程中能够综合考虑经济、环境、法律、安全、健康、伦理等制约因素；⑥掌握文献检索、资料查询及运用现代信息技术获取相关信息的基本方法；⑦了解与本专业相关的职业和行业的生产、设计、研究与开发、环境保护和可持续发展等方面的方针、政策和法律、法规，能正确认识工程对客观世界和社会的影响；⑧具有一定的组织管理能力、表达能力和人际交往能力以及在团队中发挥作用的能力；⑨对终身学习有正确认识，具有不断学习和适应发展的能力；⑩具有国际视野和跨文化的交流、竞争与合作能力。机械工程本科专业毕业生的补充要求包括：①知识要求，即掌握机械工程、机械学科的基本理论、基本知识，掌握必要的工程基础知识；②能力要求，即具有数学、自然科学和机械工程科学知识的应用能力，具有制订实验方案、进行实验、分析和解释数据的能力，具有制图、计算、测试、调研、查阅文献和基本工艺操作等基本技能和较强的计算机应用能力；③工程要求，即具有设计机械系统、部件和过程的能力，具有对机械工程问题进行系统表达、建立模型、分析求解和论证的能力，具有在机械工程实践中初步掌握并使用各种技术、技能和现代化工程工具的能力；④特别要求，即知识面宽广，并具有对现代社会问题的知识，进而足以认识机械工程对世界和社会影响的能力。

1.3　基于项目的学习模式

基于项目的学习起源于 16 世纪后期开始的欧洲建筑与工程教育运动。16 世纪，意大利的建筑师认为作为施工人员和石匠所接受的职业培训不足以满足艺术和科学的需要，导致他们无法设计出真正美观、实用的建筑物。1577 年在罗马教皇格雷戈里十三世的支持下，建筑师、画家和雕塑家联合起来在罗马成立了圣卢卡艺术学院。在艺术学院的教学过程中，教师会给优秀的学生一些具有挑战性的任务，如设计宫殿、教堂或纪念碑等，使得他们独立面对建筑职业的各种要求，创造性地运用在讲座或研讨会中所学的建筑规则。这就是基于项目的学习模式的雏形。18 世纪末，基于项目的学习已经不是建筑学的专利，受第一次工业革命浪潮的影响，很多国家纷纷建立起了工程专业并将其设置在新的技术学院和工业大学中，基于项目的学习由建筑学移植到工程学专业[5]。

1.3.1　基于项目的学习的定义

为了使基于项目的学习得到更广泛的应用，1918 年，克伯屈对基于项目的学习进行了重新界定。基于杜威的经验理论和桑代克的学习心理学，克伯屈将项目定义为"在社会环境中发自内心的、进行有目的的活动或活动单元"。克伯屈认为，基于项目的学习就是旨在实现自主学习的活动，内在学习动机是基于项目的学习的重要特点，其主要内容包括以下几个方面："必须是一个有待解决的实际问题；必须是有目的、有意义的单元活动；必须由学生负责计划和实行；包括一种有始有终、可以增长经验的活动，使学生通过项目获得主要的发展和良好的成长"[5]。

从普遍意义上说，"项目就是以一套独特而相互联系的任务为前提，有效地利用资源，为实现一个特定的目标所做的努力。"[6] 随着经济、社会、文化、科学、技术的发展，项目的内涵和形态不断发生新的变化。现代项目内涵的显著特点是高度集成化，多领域专业团队在综合考虑社会、经济、文化、环境、科学、技术等因素，运用现代化手段和工具，针对各种复杂问题，实现社会和经济价值的活动。现代项目的形态体现充分多样性，不仅为社会提供有形的产品和服务，也为人类社会可持续发展而开展的各种社会科学、自然科学、工程技术等领域的科学研究成果。

克伯屈从学习心理学的角度给出基于项目的学习的定义，对于教育具有普遍意义。我们结合现代项目的内涵和形态，对大学本科阶段"基于项目的学习"做出如下定义：基于项目的学习是针对社会的需求或各类问题，运用各种资源和现代化工具，以团队形式开展研究性或设计性活动，形成具有社会、经济价值的项目成果，获得发现问题、分析问题和解决问题以及交流沟通与团队领导的经验和能力。

1.3.2　基于项目的学习的构成要素

基于项目的学习由任务、团队、资源、活动、成果五大要素构成，如图1-1所示。

1. 任务

基于项目的学习模式中的项目任务是指特定主题或自主发现的社会、经济、文化等领域的探究性问题研究或满足需求的设计。任务具有如下特点。

(1) 自主性。项目的任务是由学生主动发现，通过各种可行性分析方法和头脑风暴等手段，自主分析、论证确定的。

(2) 真实性。项目的任务必须是社会、经济、文化等领域真实存在的问题和需求。

(3) 开放性。项目的任务必须是开放性的，没有单一、可预见的明确答案或解决方案。

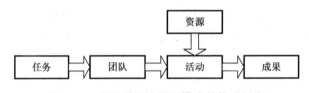

图 1-1　　基于项目的学习模式的构成要素

2. 团队

基于项目的学习模式中的团队是为了完成项目任务构建的学生团队。团队成员应具有以下特点。

(1) 志趣一致性。项目团队成员应该对项目任务均具有充分的兴趣，具有较高的热情投入共同的任务中。

(2) 优势互补性。项目团队成员的学科知识和能力具有一定的互补性，形成完成项目任务的共同优势。

3. 资源

基于项目的学习模式中的资源是完成项目任务的条件和平台。主要包括以下方面。

(1) 学校老师和社会专业人员。学校老师是项目运行中的智囊，社会专业人员则是项目运行中的重要智力资源。

(2) 信息、实验、制作平台。项目团队应充分利用学校和社会的各类信息资源、实验和制作平台等资源完成项目任务。

4. 活动

基于项目的学习模式中的活动是指项目团队完成项目任务开展的研究性或设计过程。活动具有如下特点。

(1)自组织性。项目运行过程必须由学生团队自主组织管理。

(2)科学性。学生团队应掌握科学的项目管理方法。

5. 成果

基于项目的学习模式中的成果包括项目成果和学习成果。项目成果是项目研究或设计获得的结果，学习成果则是学生在项目实施过程中获得的经验和能力。

1.3.3　基于项目的学习的步骤

基于项目的学习模式和传统以学科知识为中心的学习模式有着显著差异。传统以学科知识为中心的学习模式，学生在老师的主导下相对被动地学习学科知识。基于项目的学习模式是以学生为中心，强调团队合作学习，项目团队自主地实施项目，掌握发现问题、分析问题和解决问题的能力，根据实施项目的需要主动学习相关知识。基于项目的学习的步骤一般分为选定项目、建立团队、制订实施方案、项目实施与管理、成果总结、项目评价六个基本阶段。

1. 选定项目

在基于项目的学习中，项目的选择很重要。学生可以根据自己的兴趣，通过查阅文献资料，走访社区、企业、市场，分析问题，调查需求，反复讨论和头脑风暴，确定具有一定社会和经济价值的课题。在选题过程中，老师是智囊和专家的角色，引导学生在选题分析过程中学会正确的方法，掌握判断项目是否有价值的准则。

2. 建立团队

选定项目后，一般根据志趣一致性和优势互补性两个原则组建项目团队。团队应充分体现协作精神，鼓励创新，倡导探究，形成自主、创新、探究、协作的团队项目氛围。

3. 制订实施方案

项目团队应在选题阶段分析的基础上，进一步查阅文献资料，走访社会，交流用户，做好项目实施方案的可行性分析，确定项目的研究目标、研究内容、技术路线、进度计划、人员分工、资源分配等方案。

4. 项目实施与管理

项目团队成员依据实施方案开展项目实施工作，按照项目进度计划报告进度状况和阶段成果。团队负责人根据进展情况做好进度和资源协调工作，可以适当调整项目实施方案。

5. 成果总结

项目团队完成预期工作内容后，应分析归纳结论，总结知识产权，撰写论文，申报专利，提交项目总结报告。

6. 项目评价

在老师的指导下，项目团队共同分析在发现问题和解决问题方面获得的经验和能力，团队项目协同组织中的成功和不足之处。

1.4　机械工程项目实践的意义

机械工程技术的现状和发展趋势告诉我们，现代机械工程师日益面临着更为复杂的工程问题，需要具备更为全面的知识结构，以及具有更为快速地发现问题、分析和解决工程问题的能力。显然，传统以学科知识为中心的学习模式和以学科知识应用为目的的工程实践模式，难以满足现代机械工程师的培养要求。

基于项目的学习模式是培养机械工程专业学生具备工程问题解决能力的重要途径和趋势。在大学本科阶段"基于项目的学习"的定义基础上，我们进一步明确机械工程专业基于项目的学习模式的定义：针对机械工程技术与产品的社会需求或各类机械工程问题，运用各种资源和现代化工具，以团队形式开展机械产品设计或机械工程分析研究活动，形成具有社会、经济价值的产品或技术成果，获得发现问题、分析问题和解决问题以及交流沟通与团队领导的经验和能力。开展机械工程项目实践具有以下重要意义。

(1)培养工程实际问题的解决能力。通过机械工程项目实践，学生深度接触工程实际问题，在开放、自主的项目实践环境中培养解决实际问题的能力和创新思维能力。

(2)培养多学科知识的综合应用能力。在机械工程项目实践过程中，充分体验社会、经济、文化、环境等因素在机械工程中的重要性，在真实项目的工程设计中培养多学科知识的综合应用能力。

(3)培养工程项目管理能力和团队领导能力。学生团队在自主选题中培养工程价值判断能力，运用科学的项目管理技术执行工程项目的实施过程，培养统筹优化各种项目资源的能力。

(4)培养交流沟通能力。学生团队在项目选题、方案可行性分析、项目资源与进度协调、阶段性小结和项目总结等工作环节中，充分培养书面和口头交流沟通能力，形成良好的现代机械工程师职业素养基础。

1.5　机械工程项目实践选题

1.5.1　机械工程项目实践的类型

　　机械工程项目实践是针对机械工程技术与产品的社会需求或各类机械工程问题，运用各种资源和现代化工具，以团队形式开展机械产品设计或机械工程技术研究活动，形成具有社会、经济价值的产品或技术成果，从而获得发现问题、分析问题和解决问题以及交流沟通与团队领导的经验和能力。区别于社会和企业开展的机械工程项目，机械工程专业学生开展的项目兼具创新创造价值和学习价值。根据项目的性质、来源、主题等不同，可以把机械工程项目分为不同的类型。

　　根据项目的性质，机械工程项目一般分为调查研究类、工程设计类和工程分析研究类，也可能是三者的融合，如调查研究类项目可能是工程设计类和工程分析研究类项目的前期研究基础，工程设计类项目中可能包含工程分析研究的内容。

　　(1)调查研究类项目。针对某类机械产品或某个产品，开展社会需求、发展现状以及对社会、经济、文化、环境、资源等影响的调查研究，提出相应的产业发展规划建议、产品研发计划以及相关问题的对策等。

　　(2)工程设计类项目。在社会需求调查的基础上，提出产品设计项目，综合考虑社会、经济、文化、环境、资源、科学和技术等因素，设计具有一定功能和性能的产品，并完成样机的制作。

　　(3)工程分析研究类项目。针对新产品设计过程中的性能预测与优化问题以及使用过程中产品出现的问题，运用各种计算手段、仿真技术或实验对产品模型的各种性能或安全可靠性进行计算与分析研究，提出改进或优化设计方案，以及解决问题的方法。

　　根据项目实践的来源，机械工程项目实践一般分为自立项目、企业合作项目、申报类项目、竞赛类项目等类型，四类项目也可以转换，如自立项目可以转换为申报类项目，自立项目和申报类项目的成果可以参加竞赛等。

　　(1)自立项目。学生通过调研，以解决某工程问题为目标，根据兴趣自行组建团队而设立的项目。

　　(2)企业合作项目。一般分为两种情况：一是学生承担指导教师与企业合作项目的部分工作；二是学生在企业实习过程中，或通过网络等媒介，自己主动承接的企业委托项目。

　　(3)申报类项目。各级政府教育、科技、共青团等部门和学校、院系等为了推进大学生的创新能力培养，面向本科生每年设立各类科技计划项目，学生可以组建团队申报项目。例如，教育部推出国家大学生创新性实验计划，探索并建立以问题和课题为核心的教学模式，带动广大学生在本科阶段得到科学研究与发明创造的训练。

浙江省"新苗人才计划"是省科技厅、团省委、省教育厅为深入实施科教兴省和人才强省战略，加强自主创新人才队伍建设而在高校学生中组织实施的择优资助学生开展科技创新的活动。

(4)竞赛类项目。机械工程专业学生可以参加各级机械设计竞赛和"挑战杯"大学生课外科技作品竞赛。全国机械创新设计大赛由教育部高等学校机械学科教学指导委员会主办，机械基础课程教学指导分委员会、全国机械原理教学研究会、全国机械设计教学研究会联合著名高校共同承办，面向大学生的群众性科技活动，每两年举办一次。全国"挑战杯"大学生课外科技作品竞赛是由中国共产主义青年团中央、中国科学技术协会、中华全国学生联合会主办的大学生课余科技文化竞赛活动，每两年举办一次。两项竞赛均形成了校级、省级和全国三级竞赛，已经在全国大学生中形成了较高的参与面。

根据项目的主题，机械工程项目可以分为有主题和无主题类项目。如机械设计竞赛一般是有主题的，其中，第五届(2012年)全国大学生机械创新设计大赛的主题"幸福生活——今天和明天"；内容为"休闲娱乐机械和家庭用机械的设计和制作"。其他项目一般为无主题项目，具有更大的选题的空间。

1.5.2　机械工程项目实践选题的原则

(1)人类及社会重大问题关联性。现代科学技术的突飞猛进，为社会生产力发展和人类文明创造了广阔的空间，有力地推进了经济和社会的发展。与此同时，环境、能源、资源、人类健康、贫穷等人类社会重大问题日益突出。大多数重大问题都与机械工程相关，如为可再生能源的生产提供机械装备，解决全球性能源短缺问题；在机械装备设计与制造中采用绿色设计技术，节约能源和资源；为贫困地区人民开发价廉物美的机械装备等。关注人类及社会的重大问题，这是现代社会中文明的基本体现，它本身就是一种人文情怀，应该成为大学生具备的基本素养。机械工程专业学生在项目实践中应关注人类及社会的重大问题，体现重大问题的相关思想和理念。

(2)社会和经济价值性。机械工程专业学生的项目选题应具有社会和经济价值。通过文献检索、社会调查和市场分析，明确得出项目的价值所在。例如，应用自动化技术和智能化技术开发自动焊接、自动搬运、自动装配、自动检测等制造自动化技术，对企业提升生产效率、降低成本和保证产品质量具有重要价值。但并非采用自动化技术都是有价值的，例如，开发自动饺子机对速冻食品生产企业提高生产效率和降低生产成本重要的经济价值，而开发家用自动饺子机，对偶尔食用饺子的家庭来说则几乎没有价值。

(3)可行性原则。在项目选题过程中需要充分考虑项目的可行性。调查研究类项目应考虑能否获得相关的数据信息；工程设计类项目应考虑能否容易获得相关资源的支持，可能的经费能否保证样机的制作，能否获得部分废弃的材料用于项目的制作，能否获得社会和企业的额外资助；工程分析研究类项目应考虑是否具有开展分析计算、仿真、实验的条件，可能获得的经费能否完成相关研究，研究成果是否能够得到推广应用等。

(4)渐进性原则。机械工程专业学生在项目选题过程中应遵循复杂性和难度渐进的原则。一年级学生可以开展工程与人文调查研究类项目，了解人类及社会重大问题对机械工程技术的需求，分析研究工程技术对社会、经济、环境和文化等的影响。二年级学生可以开展相对简单的工程设计和工程分析研究类项目，高年级学生则可以开展需要综合应用多学科知识解决的工程设计和工程分析研究类项目。

1.5.3　机械工程项目实践选题的一般过程

从本质上讲，关注人类及社会重大问题也是项目的价值性，因此，"价值性"是机械工程项目选题的核心原则，没有价值项目也就失去了意义。为了保证项目的价值性，必须真正从社会需求出发，只有满足社会需求的项目才可能是有价值的。机械工程项目实践的选题一般包括收集信息、定义问题基本模型、问题调研、定义问题模型、可行性分析和确定项目选题六个步骤，如图 1-2 所示。

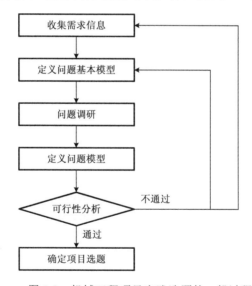

图 1-2　机械工程项目实践选题的一般过程

(1)收集信息。机械工程技术和机械产品是为人类生活和生产两类需求服务的，因此，有必要广泛收集生活或生产需求信息。通过走访市场、用户、企业，了解真实的社会需求，根据当前的市场热点或企业生产一线的需求，对收集的信息进行分类归纳，明确需求信息的重要性。

(2)定义问题基本模型。在收集的分类信息基础上，根据信息的重要性，确定若干个问题基本模型，以备选择。

(3) 问题调研。选择 1~2 个问题基本模型，开展问题的细化调研。例如，工程设计类问题，应深入调研产品的功能、性能、外观、材料、使用、安全、运输等需求。

(4) 定义问题模型。根据问题调研信息，定义问题的模型。对工程分析研究类问题，则应确定研究目标和研究内容；对工程设计类问题，采用需求表描述问题模型。

(5) 可行性分析。根据问题模型，检索国内外文献和专利，了解国内外研究动态，设计初步的研究方案或设计方案，分析市场、经济性、技术、实验条件等可行性。若可行性未通过，则重新选择其他问题。

(6) 确定项目选题。在可行性分析的基础上，根据项目的类型确定项目选题。若为申报类和竞赛类项目，应高度重视项目的创新性，其他类型项目，重点关注满足市场和客户的需求。

第2章　机械工程项目管理

机械工程项目一般是在一定的时间和成本范围内，一个团队利用一定的资源条件实现一定的目标。每个项目从选题开始到整个项目结束的生命周期中，涉及人员分工安排、时间进度控制、资源条件利用与统筹分配等复杂过程，在开展机械工程项目实践之前，很有必要掌握项目管理的知识和科学方法，在项目实践过程中，不断提升项目管理的基本技能。

项目管理是一种全新的管理模式，有着完整的管理科学体系。项目管理在机械工程项目实施过程中扮演着重要的角色，推行项目管理，有利于促进新产品的研发、优化资源的合理配置，提高项目建设的经济效益和社会效益。目前主要采用美国项目管理学会(Project Management Institute，PMI)建立的项目管理知识体系(Project Management Body of Knowledge，PMBOK)[7]，其建立时间最早、影响最大，下面结合机械工程项目实践案例介绍该体系的相关知识和方法。

2.1　项　　目

2.1.1　项目定义及特征

美国项目管理学会(PMI)认为项目是一种被承办的、旨在创造某种独特产品或服务的临时性努力。一般来说，项目具有明确的目标和独特的性质：每一个项目都是唯一的、不可重复的，具有不可确定性、资源成本的约束性等特点。也就是说项目是为完成某一独特产品或服务而进行的一次性努力[8]。项目具有以下几个基本特征。

(1)一次性。项目有明确的开始和结束时间，项目在此之前从来未发生过，且将来也不会在同样的条件下再次发生。

(2)独特性。任何一个项目都有自己的特点，每个项目都不同于其他项目。独特性是指项目所生成的产品或服务与其他产品或服务都有一定的独特之处。

(3)目标的明确性。每个项目都有自己明确的目标，项目实施中的各项工作都是围绕项目的预定目标而进行的。

(4)组织的临时性和开放性。项目班子在项目的全过程中，其人数、成员、职责是在不断变化的。某些项目班子的成员是借调来的，项目终结时班子要解散，人员要转移。参与项目的组织往往有多个，多数为矩阵组织，甚至几十个或更多。他们通过协议或合同以及其他的社会关系组织到一起，在项目的不同时段不同程度地介入项目活动。可以说，项目组织没有严格的边界，是临时性的、开放性的。

(5)后果的不可挽回性。项目的一次性决定了项目具有较大的不确定性，它的过程是渐进的，潜伏着各种风险。项目的一次性属性决定了项目不同于其他事情可以试做，做坏了可以重来；也不同于生产批量产品，合格率达99.99%是很好的。项目在一定条件下启动，一旦失败就永远失去了重新进行原项目的机会。项目相对于运作有较大的不确定性和风险。

典型的项目包括以下几种。

(1)新产品或新服务的开发项目。

(2)技术改造与技术革新项目。

(3)组织结构、组织模式的变革项目。

(4)软件开发项目。

(5)科学技术研究与开发项目。

(6)信息系统的集成与开发项目。

(7)建筑物、设施或民宅的建设项目。

(8)大型体育比赛项目或文艺演出项目。

2.1.2　项目生命周期

任何项目的实现都要经历一定的阶段或工作过程，项目的实现过程一般是指为创造项目的可交付成果而开展的各种活动所形成的过程，项目的实现过程通常用项目生命周期来描述。项目作为一种创造独特产品与服务的一次性活动是有始有终的，项目从始到终的整个过程构成了一个项目的生命周期。美国项目管理协会的定义："项目是分阶段完成的一项独特性的任务，一个组织在完成一个项目时会将项目划分成一系列的项目阶段，以便更好地管理和控制项目，更好地将组织的日常运作与项目管理结合在一起。项目的各个阶段放在一起就构成了一个项目的生命周期"。根据项目在生命周期中所表现的特征，可以把项目的生命周期划分成如表 2-1 所示的四个阶段。

表 2-1　项目生命周期的阶段

名　　称	主　要　内　容
启动阶段	明确目标，建立项目组织，确定项目经理，投资估算
计划阶段	项目进度及预算的制订
执行阶段	项目的实施
收尾阶段	评价、总结项目目标的完成程度，项目的交接

2.2　项　目　管　理

现代项目管理是近年来发展起来的一个管理学科的新领域。它与传统的项目管理具有很大的不同，在当今信息社会和知识经济中人们创造社会财富和福利的途径与方式已经由过去重复进行的生产活动为主，逐步转向了以项目开发和项目实施活动为主的模式。项目开发与实施是主要的物质财富和精神财富生产的手段，现代项目管理正在成为现代社会中主要的管理领域，常见的项目管理机构如表 2-2 所示。

表 2-2　常见的项目管理机构

项目管理机构	英文简称	知识体系	认证体系
国际项目管理协会	IPMA	ICB	IPMP
美国项目管理协会	PMI	PMBOK	PMP
中国项目管理研究委员会	PMRC	C-PMBOK	C-NCB

项目管理的发展基本上可以划分为两个阶段。

(1) 20 世纪 80 年代之前被称为传统项目管理阶段。

(2) 20 世纪 80 年代之后被称为现代项目管理阶段。

项目管理是以项目及其资源为对象，运用系统的观点、方法和理论，对项目涉及的全部工作进行高效率的计划、组织、实施和控制以实现项目目标的管理方法体系。

2.2.1　项目管理工作过程

项目管理的过程是由五个基本工作过程组成的，即启动工作过程、计划工作过程、执行工作过程、控制工作过程和收尾工作过程，如图 2-1 所示。

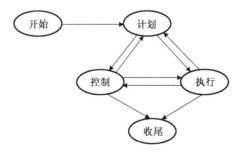

图 2-1　项目管理工作过程

项目启动工作过程(Project Initiating Processes)：初步确定项目组成员、项目量限、项目计划等。

项目计划工作过程(Project Planning Processes):建立 WBS(工作分解结构),确认项目流程、项目详细计划,评审、批准计划。

项目执行工作过程(Project Executing Processes):组织和协调人力资源和其他资源,激励团队完成工作计划。

项目控制工作过程(Project Controlling Processes):制订项目工作标准、监督、纠偏等。

项目收尾工作过程(Project Closing Processes):完成项目移交。

各个项目工作过程之间有信息的传递,有时不仅是单向的,而且是双向的。

2.2.2　项目生命周期与项目工作过程的关系

项目管理过程的名称(启动过程、计划过程、执行过程、控制过程和收尾过程)与典型项目生命周期的名称(启动阶段、计划阶段、执行阶段和收尾阶段)是类似的,但它们的含义却完全不同。项目生命周期的四个阶段没有重复,是一次性结束的,是从项目实现过程的角度考虑的。而项目管理的五个工作过程并不是独立的一次性过程,它贯穿于项目生命周期的每一阶段,项目的任一个阶段都包含一个或几个项目管理工作过程。项目管理过程在项目的每个阶段也是按照不同的强度和层次发生的交叠活动。图 2-2 表示了在一个项目阶段中各个管理过程之间是如何重叠和变化的。

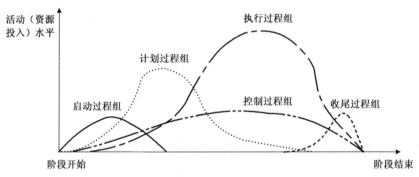

图 2-2　在一个项目阶段中各个管理过程之间的重叠和变化

2.2.3　项目管理的知识领域

参考美国项目管理协会(PMI)颁发的项目管理知识领域的划分方法可将其划分为 9 个知识领域,如图 2-3 所示。

项目范围管理是指对项目所要完成的工作范围进行管理和控制的过程和活动的总和。项目进度管理是指在项目的进展过程中,为了确保项目能够在规定的时间内按时实现项目的目标,对项目活动的进展及日程安排所进行的管理过程。项目成本管理是指为保证项目实际发生的成本低于项目预算成本所进行的管理过程和活动。项目质量管理是指为了保证项目的可交付成果能够满足客户的需求,围绕项目的质

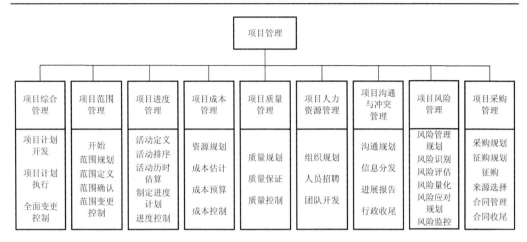

图 2-3　项目管理的知识领域

量进行的计划、协调和控制等活动。项目采购管理是指为达到项目的目标而从项目组织的外部获取物料、工程和服务所需的过程。项目风险管理是指通过风险识别、风险评估去认识项目的风险，并以此为基础合理地使用各种管理方法、技术和手段对项目风险实行有效的控制，妥善处理风险事件所造成的不利后果，以最少的成本保证项目总体目标的实现。项目沟通与冲突管理：项目沟通管理是为了确保项目信息合理收集和传递，对项目信息的内容、信息传递的方式、信息传递的过程进行的全面管理；项目冲突管理是指分析冲突、解决冲突和防范冲突的过程。项目人力资源管理是指项目组织对该项目的人力资源所进行的科学的规划、适当的培训、合理的配置、准确的评估和有效的激励等一系列的管理工作。项目综合管理是指保证项目各要素相互协调所需的各种过程和活动。

　　项目管理的工作过程和知识领域关系如表 2-3 所示，包含 5 个管理工作过程（39个管理子过程）和 9 大知识领域。

表 2-3　项目管理的工作过程和知识领域关系

工作过程 知识领域	启动	计划	执行	控制	收尾
综合管理		项目计划制订	项目计划实施	综合变更控制	
范围管理	启动	范围计划 范围定义		范围确认 范围变更控制	
进度管理		活动定义 活动排序 活动工期估算 进度计划制订		进度控制	
成本管理		资源计划 成本估算 成本预算		成本控制	

续表

知识领域 ＼ 工作过程	启动	计划	执行	控制	收尾
质量管理		质量计划	质量保证	质量控制	
采购管理		采购计划 询价计划	询价 供应商选择 合同管理		合同收尾
风险管理		风险管理计划 风险识别 定性风险分析 定量风险分析 风险应对计划		风险监控	
沟通与冲突管理		沟通计划	信息发布	执行情况报告	管理收尾
人力资源管理		组织计划 人员获取	团队建设		
子过程小计	1	21	7	8	2

2.3　项目计划工作的主要工具和方法

　　项目计划工作是项目团队成员在预算的范围内为完成项目的预定目标而进行科学预测并确定未来行动方案的过程，在这里着重阐述项目计划工作的工具和方法。

　　项目计划编制的工具和方法有很多，主要讨论工作分解结构、责任分配矩阵和行动计划表这三个基本工具和方法。

2.3.1　工作分解结构

　　工作分解结构(Work Breakdown Structure，WBS)是项目管理中最有价值的工具，是制订项目进度计划、项目成本计划等多个计划的基础。它将需要完成的项目按照其内在工作性质或内在结构划分为相对独立、内容单一和易于管理的工作单元，从而有助于找出项目工作范围内的所有任务。工作分解结构可将整个项目联系起来，把项目目标细化为许多可行的、更易操作的，并且是相对短期的任务。

　　一旦项目的目标制订以后，就必须确定为达到目标所需要完成的具体任务，即定义项目的工作范围，这就要求必须制订一份该项目所有活动的清单。但是对于比较大的或比较复杂的项目，活动清单难免会遗漏一些必要的活动，这时工作分解结构将是一个比较好的解决方法。

　　(1)工作分解结构的作用。

　　把项目分解成具体的活动，定义具体工作范围，让相关人员清楚了解整个项目的概况，对项目所要达到的目标达成共识，以确保不漏掉任何重要的事情；通过活动的界定，按照项目活动之间的逻辑顺序来实施项目，有助于制订完整的项目计划；

通过项目分解，为制订完成项目所需要的技术、人力、时间和成本等质量和数量方面的目标提供基准；通过活动的界定，就能很明显地使项目团队成员知道自己的责任和权利，从而对其应当承担和不应承担的责任有明确的划分。

（2）工作分解结构的分解原则。

① 对项目的各项活动按实施过程、产品开发周期或活动性质等分类；

② 在分解任务的过程中不必考虑工作进行的顺序；

③ 不同的项目分解的层次不同，不必强求结构对称；

④ 把工作分解到能以可靠的工作量估计为止；

⑤ 最低一级的具体工作，应能分配给某人或某几人具体负责。

（3）工作分解结构的分解步骤。

工作分解结构是按照各任务范围的大小从上到下逐步分解的。其步骤包括以下内容。

① 总项目；

② 子项目或主体活动；

③ 主要的活动；

④ 次要的活动；

⑤ 工作包。

（4）工作分解的编码。

统一项目工作分解的编码应具有唯一性，编码方法较多，最常见的方法是利用数字进行编码。下面以一个 4 层的工作分解结构为例来阐述，如图 2-4 所示。

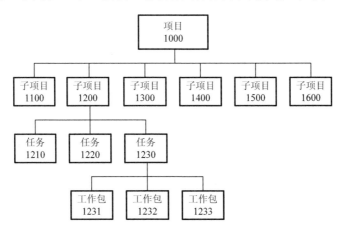

图 2-4　工作分解结构框架图

（5）工作分解结构实例。

以"深水井救援机器人"设计项目实践为例，对其产品研发项目的工作进行分解。一种用于深水井落井事故救援的救援机器人，能在落井事故发生时，经人员操作吊放入井内，在确认落井者的井下状态后进行遥控操作的机械救援，特别是四只机械救援手臂能适应各种井下复杂情况，高效可靠地完成救援任务。适用于井口直径为30～70cm 的深竖井，无特殊气候及时间限制，产品实物如图 2-5 所示。

（a）机器人收起状态　　　　　　　　（b）机器人展开状态

图 2-5　深水井救援机器人

深水井救援机器人设计项目由机器人设计、机器人制造装配和测验调试等工作组成，具体的工作分解结构如图 2-6 所示。

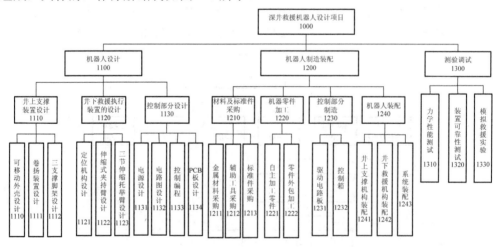

图 2-6　深水井救援机器人设计项目工作分解结构

2.3.2　责任分配矩阵

责任分配矩阵（Responsibility Assignment Matrix，RAM）是一种将所分解的工作任务落实到项目相关部门或个人，并明确表示出他们在组织工作中的关系、责任和地位的方法和工具。它是在工作分解结构基础上建立的，以表格形式表示完成工作分解结构中每项活动或工作所需的人员。

　　责任分配矩阵明确表示每项工作由谁负责、由谁具体执行，并且明确了每个人在整个项目中的地位。责任分配矩阵还系统地阐明了个人与个人之间的相互关系，它能使每个成员认识到自己在项目组织中的基本职责以及与他人配合中应承担的责任，从而能够主动地承担自己的全部责任。在项目实施过程中，如果某项活动出现了错误，从责任分配矩阵图中很容易找出该活动的负责人和具体执行人；当协调沟通出现困难或工作责任不明时，都可以运用责任分配矩阵图来解决，而且还可以针对某个子项目或某个活动分别制订不同规模的责任分配矩阵，如表 2-4 所示。P（President）表示主要负责人，S（Service）表示次要负责人。

表 2-4　责任分配矩阵

任务编号	任务名称	学生 1	学生 2	学生 3	学生 4	学生 5
1000	深井救援机器人设计	P				
1100	机器人设计	P		S		
1110	井上支撑装置设计	P	S			
1111	可移动外壳设计	P			S	
1112	卷扬装置设计		P	S		
1113	三支撑脚架设计			P	S	S
1120	井下救援执行装置设计			P	S	
1130	控制部分设计		P	S		
1200	机器人制造装配	S	P			
1210	材料及标准件采购		P	S		
1220	机器零件加工			S	P	
1230	控制部分制造		P	S		
1240	机器人装配			P	S	
1300	测验调试			P		
1310	力学性能测试		S	P		
1320	装置可靠性测试				S	P
1330	模拟救援实验			S	P	S

2.3.3　项目行动计划表

　　项目行动计划表是指以工作分解结构图为基础，将项目的活动按内在的层次关系把活动时间、先后关系及所需资源等汇总并记录所形成的表格，如表 2-5 所示。

表 2-5　项目行动计划表

任务编号	任务名称	责任人	时间/天	紧前任务	所需资源
1100	机器人设计	学生 1	39		
1110	井上支撑装置设计	学生 1	13		计算机、软件

续表

任务编号	任务名称	责任人	时间/天	紧前任务	所需资源
1120	井下救援执行装置设计	学生 3	15	1110	计算机、软件
1130	控制部分设计	学生 2	11	1120	计算机、软件
1200	机器人制造装配	学生 2	82		
1210	材料及标准件采购	学生 2	7	1130	
1220	机器零件加工	学生 4	51	1210	机床
1230	控制部分制造	学生 2	15	1130	电路板
1240	机器人装配	学生 3	9	1220、1230	装配平台
1300	测验调试	学生 3	16		
1310	力学性能测试	学生 3	7	1240	试验机
1320	装置可靠性测试	学生 5	6	1310	
1330	模拟救援实验	学生 4	3	1320	

2.4　项目组织与项目团队

2.4.1　项目组织

为了实现项目的目标，必须要调配一定的人员，配置一定的资源，以某种形式的组织去实施项目，因此，项目组织是项目实施的主体。常见的项目组织结构形式有职能型组织结构、项目型组织结构和矩阵型组织结构。

(1)职能型组织结构。

职能型组织结构是一种传统的、相对比较松散的项目组织结构，通过在实施项目的组织内部建立一个由各个职能部门相互协调的项目组织来完成某个项目目标，如图 2-7 所示。优点：职能部门为主体，资源相对集中，便于相互交流或相互支持；缺点：职能部门有日常工作，项目得不到优先考虑，涉及其他部门较难处理。主要适用范围：规模小，以技术为重点。

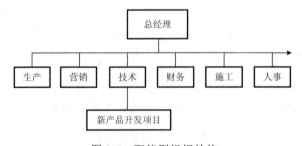

图 2-7　职能型组织结构

(2)项目型组织结构。

项目型组织结构按照项目来设置，享有高度的权利和独立性。项目组成员来自不同部门，所需资源完全分配给该项目，如图 2-8 所示。优点：项目经理全权负责，组员对项目经理负责，项目经理直接与高层沟通。缺点：需要一套独立班子成员，成员缺乏一种事业的连续性和保障。

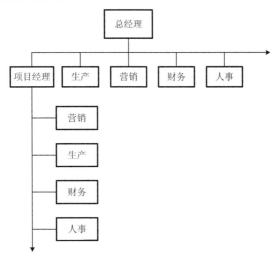

图 2-8　项目型组织结构

(3)矩阵型组织结构。

矩阵型组织结构是由职能型和项目型组织结构组成的一个混合体，是为了最大限度地利用组织中资源和能力而发展起来的，如图 2-9 所示。矩阵型组织结构兼有职能型组织结构和项目型组织结构的特征，在一定程度上避免了上述两种结构的缺陷。根据项目组织中项目经理和职能经理的权限大小，可将矩阵型组织结构分为弱矩阵式、平衡矩阵式和强矩阵式三种形式。

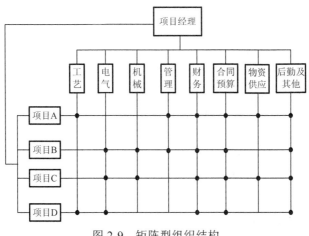

图 2-9　矩阵型组织结构

(4)项目组织结构的比较。

各种项目组织结构与其特征关系如表 2-6 所示,项目经理和职能经理权限如图 2-10 所示。

表 2-6　三种组织形式的相互关系

组织形式特征	职能式	矩阵式			项目式
		弱矩阵式	平衡矩阵式	强矩阵式	
项目经理权限	很少或没有	有限	小到中等	中等到大	很高甚至全权
全职工作人员比率	几乎没有	0～25%	15%～60%	50%～95%	85%～100%
项目经理任务	兼职	兼职	全职	全职	全职
项目经理常用头衔	项目协调员	项目协调员	项目经理	项目经理	项目经理
项目管理行政人员	兼职	兼职	兼职	全职	全职

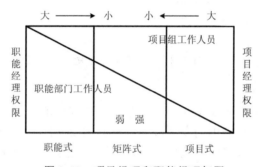

图 2-10　项目经理和职能经理权限

2.4.2　项目团队

项目团队是指本着共同的目标、为了保障项目的有效协调实施而建立起来的管理组织,一般由项目经理和团队成员组成。

项目团队建设就是指将肩负项目管理使命的团队成员按照特定的模式组织起来,协调一致,以实现预期项目目标的持续不断的过程。项目团队建设一般要依次经历初创期、磨合期、规范期、成熟期和解散期 5 个阶段,基本上与项目的生命周期相同步,如图 2-11 所示。

项目团队建设是项目经理和项目团队成员的共同职责,团队建设过程中应创造一种开放和自信的气氛,使全体团队成员有统一感和使命感。实践证明,团队成员的社会化将会促进团队建设,而且团队成员之间相互了解越深入,团队建设就越出色。项目经理要确保团队成员间保持相互交流沟通,并为促进团队成员间的社会化创造条件。团队成员也要主动地创造条件加强沟通和融合。

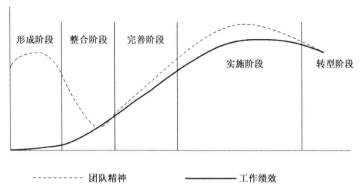

图 2-11　项目团队成长各阶段的绩效水平与团队精神示意图

一个有效团队成长可以分为以下 5 个阶段。

（1）形成阶段。

此时是初创阶段，成员开始相互熟悉并且了解项目范围，他们开始建立基本活动规则，既考虑到项目（他们的职位、工作职责）又要考虑到相互关系（谁真正管理什么），当成员意识到自己已是团队一员时，这一阶段完成。

（2）整合阶段。

正如整合的含义，表示这阶段将有一定程度的内部冲突。成员认可他们是项目一分子，但拒绝项目或团队给他们个人主义限制。冲突包括谁掌控团队以至于如何做出决定等。当冲突解决后，项目团队领导产生并被认可，团队将进入另一阶段。

（3）完善阶段。

第三个阶段是相互关系进一步深入发展，团队呈现出协调气氛。忠诚和友爱及共担责任的情感加强了。此阶段完成的标志是：团队结构巩固了并且建立了一个关于如何合作工作的共同期望。

（4）实施阶段。

团队管理结构在此阶段是功能型的，并且广为接受。团队的主要精力已从相互熟知和如何共同工作转向为实现项目目标。

（5）转型阶段。

对于传统工作团队，实施阶段是团队发展最后一步。然而，对于项目团队，还有一步。在此阶段，项目团队准备解散。业绩已不是最高要求，反之主要注意力已转向项目的收尾。各成员的反应也各不相同，有的异常兴奋，沉浸在项目团队的成就中，有的却沮丧，因为将失去在工作中赢得的忠诚友爱以及友谊。

2.5　项目进度管理

项目进度管理，作为项目管理的重要组成部分，是为实现项目预定目标而确定和实施恰当策略的过程，其研究的对象是单个项目或多个项目，在有限资源的约束下安排和控制作业进度的问题。一个完整的项目进度管理就要有任务的分解、排序与时间估算，进度计划制订以及进度控制等一系列工作，如图 2-12 所示。项目活动是指为完成项目目标所需要进行的所有具体活动的一项任务。

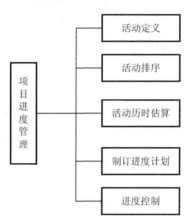

图 2-12　项目进度管理过程

2.5.1　项目活动排序和时间估算

项目活动排序指在定义各个工作包(也称任务、活动)后，要对各项活动进行排序。活动的排序是指将项目所有需要进行的活动，按照其逻辑关系联系起来，以便确定进行的先后顺序。工作的先后依赖关系：任何工作的执行必须依赖于一定工作的完成，也就是说它的执行必须在某些工作完成之后才能执行。工作的先后依赖关系有两种：一种是工作之间本身存在的、无法改变的逻辑关系；另一种是人为组织确定的，两项工作可先可后的组织关系。

确定了活动之间存在的依赖关系后，运用一定的工具和方法来描述项目活动的顺序。项目排序的方法主要有节点法(又称单代号网络图法)、箭线图法(又称双代号网络图法)和网络模板法。网络模板法指项目团队利用一些标准的网络图或过去完成的项目网络图作为新项目网络图的模板，根据新项目的实际情况来调整这些模板，可以比较准确、高效地得到新项目的网络图。这里主要介绍前两种方法。

(1)节点法(Precedence Diagramming Method，PDM)。

用节点代表活动，用箭头表示各个活动之间的关系，活动之间的依赖关系包括四种类型，如图 2-13 所示(请大家根据自己的知识和经验，举例说明四种类型的关系)。

① 结束—开始(Finish-to-start)：A 活动必须结束，B 活动才能开始，最常用。

② 开始—开始(Start-to-start)：B 活动开始前，A 活动必须开始。

③ 结束—结束(Finish-to-finish)：A 活动结束前，B 活动必须结束。

④ 开始—结束(Start-to-finish)：B 活动结束前，A 活动必须开始。

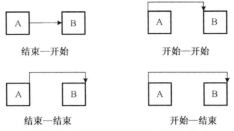

图 2-13　项目活动之间的依赖关系

绘制节点图时，注意事项：图中只能是单箭头，不能是双箭头或无箭头；网络图中不能有循环回路；不能出现无节点的箭头；网络图中只能有一个起始节点和终止节点；箭线尽量避免交叉。

举例说明节点图的画法，某项目的活动如表 2-7 所示，其节点图如图 2-14 所示。

表 2-7　某项目的活动关系表

活动名称	A	B	C	D	E	F	G	H	I
紧前活动	—	A	A	C	C	B、D	E、F	B、D	G、H
工期/天	7	6	14	5	11	7	4	11	18

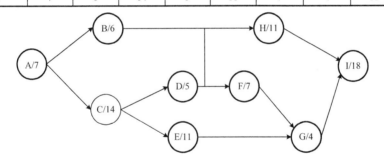

图 2-14　某项目的节点图

(2) 箭线图法(Arrow Diagramming Method，ADM)。

箭线图法用箭线代表活动，用节点表示活动之间的关系。注意事项：ADM中只有一种优先关系即结束—开始；有时需要用到虚活动，没有回路或条件分支。表 2-7 的箭线图如图 2-15 所示。

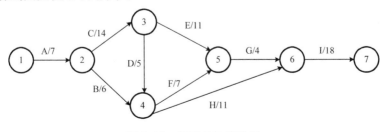

图 2-15　某项目的箭线图

　　项目活动时间估算是对完成项目的各种活动所需要的时间做出的估算。既要考虑工作时间，又要考虑间歇时间。

2.5.2　项目进度计划

　　项目进度计划主要目的是控制和节约项目的时间，保证项目在规定时间内能够完成；是在工作分解结构的基础上，对项目活动进行一系列的时间安排，它要对项目活动进行排序，明确项目活动必须何时开始以及完成项目活动所需要的时间。项目进度计划是项目计划中最主要的计划；常用的工具和方法有甘特图、关键路径法、PERT 分析、GERT 分析。这里主要介绍前面三种方法。

　　(1)甘特图。

　　甘特图(Gantt Chart，GC)又称线条图或横道图。它以横线来表示每项活动的起止时间。其优点是简单、明了、直观、易于编制，到目前为止仍然是小型项目中常用的工具。在甘特图上，可以看出各项活动的开始和终了时间，但各项活动之间的关系却没有表示出来，也没有指出影响项目生命周期的关键所在。因此，复杂的项目不适宜采用甘特图。

　　(2)关键路线法(Critical Path Method，CPM)。

　　关键线路法是可以确定出项目各工作最早、最迟开始和结束时间，通过最早最迟时间的差额可以分析每一工作相对时间紧迫程度及工作的重要程度，这种最早和最迟时间的差额称为机动时间。

　　① 最早开始时间(Early Start Date，ES)。

　　② 最早完成时间(Early Finish Date，EF)。

　　③ 活动工期(Duration，DU)。

　　④ 最迟完成时间(Late Finish Date，LF)。

　　⑤ 最迟开始时间(Late Start Date，LS)。

　　⑥ 时差(Slack)：$F=LF-ES-DU=LF-EF$；

　　　　　　　　　Slack > 0，时间富裕；

　　　　　　　　　Slack $= 0$，最早和最迟日期相等；

　　　　　　　　　Slack < 0，进度无法满足规定的完成日期；

　　　　　　　　　$EF=ES+DU$；

　　　　　　　　　$LS=LF-DU$。

　　关键路径法的重点在于确定项目的关键路径，将项目网络图中每条路径所有活动的历时分别相加，时间最长的路径就是关键路径，关键路径上的活动成为关键活动，关键路径上的节点称为关键节点，关键活动的总时差为零。

　　利用活动的时间相加得到的最长路径来确定项目的关键路径，以图 2-16 某项目网络图为例。

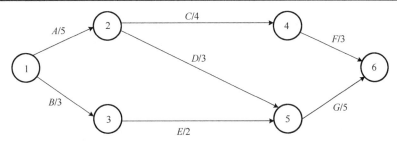

图 2-16 某项目网络图

① 路径一：1—2—4—6(A、C、F)，$T=12$；
② 路径二：1—2—5—6(A、D、G)，$T=13$；
③ 路径三：1—3—5—6(B、E、G)，$T=10$。

根据关键路径的定义，可知路径二(A、D、G)为关键路径。

利用时差最小值来确定项目的关键路径，以图 2-17 某项目关键路径图为例，根据关键活动的总时差为零，亦可判断(A、D、G)为关键路径。

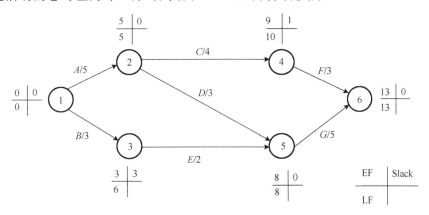

图 2-17 某项目关键路径图

(3)计划评审技术(Program Evaluation and Review Technique，PERT)。

计划评审技术是项目进度管理的一种网络分析技术，PERT 和 CPM 是 20 世纪 50 年代后期几乎同时出现的两种计划方法。随着科学技术和生产的迅速发展，出现了许多庞大而复杂的科研和工程项目，它们工序繁多，协作面广，常需要动用大量人力、物力、财力。因此，如何合理而有效地把它们组织起来，使之相互协调，在有限资源下，以最短的时间和最低费用，最好地完成整个项目就成为一个突出的重要问题。

计划评审技术涉及工期估计，假设活动的时间是一个连续的随机变量，并服从 β 概率分布，包含三个时间的估算。

① 乐观时间 a(Optimistic time)：在顺利情况下完成活动所需要的最少时间。

② 最可能时间 b(Most likely time)：在正常情况下完成活动所需要的时间。

③ 悲观时间 c(Pessimistic time)：在不顺利情况下完成活动所需要的最多时间。

活动时间的期望值 t 表示项目活动耗费时间的多少。

$$t = \frac{a + 4b + c}{6} \tag{2-1}$$

活动时间的标准差表示在期望的时间内完成该活动的概率。标准差越小，则表明期望时间内完成该活动的概率越大；标准差越大，表明期望时间内完成该活动的概率越小。

$$\sigma = \frac{c - a}{6} \tag{2-2}$$

$$z = \frac{r - e}{\sigma} \tag{2-3}$$

式中，r 为项目要求的完工时间(最迟完成时间)；e 为项目关键路径所有活动时间的平均值(正态分布的均值)；σ 为项目关键路径所有活动时间的标准差(正态分布的标准差)。

那么项目在规定时间内完成的概率为 $p(z)$，其值可查表获得。

例如，深水井救援机器人设计项目的活动清单如表 2-8 所示，应用项目管理知识解决以下问题。

① 根据作业清单绘制项目网络图(ADM，PDM)。

② 确定关键路径，计算完工工期及其方差。

③ 如果项目预定 125 天完成，完成的概率是多少？

表 2-8　深水井救援机器人设计项目的活动清单

活动代号	活动名称	紧前活动	活动时间/天		
			a	b	c
A	井上支撑装置设计	—	9	13	17
B	井下救援执行装置设计	A	11	14	23
C	控制部分设计	B	4	10	22
D	材料及标准件采购	C	3	6	15
E	机器零件加工	D	35	52	63
F	控制部分制造	C	8	14	26
G	机器人装配	E、F	2	10	12
H	力学性能测试	G	3	6	15
I	装置可靠性测试	H	3	5	13
J	模拟救援实验	I	1	3	5

根据项目活动清单和先后次序可画出网络图(图 2-18 和图 2-19)。

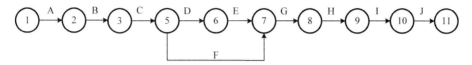

图 2-18　深水井救援机器人设计项目 ADM 图

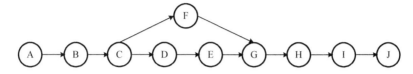

图 2-19　深水井救援机器人设计项目 PDM 图

根据 ADM 图或 PDM 图可知关键路线为：A、B、C、D、E、G、H、I、J。

根据式(2-1)和式(2-2)计算各项目活动的工时期望值、标准差，如表 2-9 所示。

表 2-9　项目活动工时期望值、标准差

活动	期望	项目期望	标准差	项目标准差
A	13		1.33	
B	15		2.00	
C	11		3.00	
D	7		2.00	
E	51	122	4.67	7.11
F	15		3.00	
G	9		1.67	
H	7		2.00	
I	6		1.67	
J	3		0.67	

根据公式计算完成的概率为

$$z = \frac{r-e}{\sigma} = \frac{125-122}{7.11} = 0.42$$

查正态分布表，得 $P(z)$=66%。即项目在 125 天完成的概率为 66%。

2.5.3　项目进度控制

对进度计划进行检查应依据进度计划实施记录进行，采取月检查、周检查或日检查的方式进行，检查包括：检查期内实际完成和累计完成工程量；实际投入的人、物、财的数量及工作效率；进度管理和偏差情况；影响进度的特殊原因及分析等内容。进度计划在实施中的调整，必须依据项目进度计划检查结果进行。调整进度计划应采用科学的调整方法，对工程量、起止时间、持续时间、工作关系、资源供应等内容进行调整，并编制调整后的新版进度计划。

以深水井救援机器人设计项目为例，项目起始日期为 2013 年 5 月 6 日，项目实施时间为 122 天，为绘图方便，表中时间单位为 10 天，其项目进度计划如表 2-10 所示。

表 2-10　深水井救援机器人设计项目进度计划

活动名称		项目起始日期：2013年5月6日；　时间单位：10天；　项目负责人：学生1												责任人
		1	2	3	4	5	6	7	8	9	10	11	12	13	
机器人设计	井上支撑装置设计	▬	▬												学生1、学生2
	井下救援执行装置设计			▬	▬										学生3、学生4
	控制部分设计					▬									学生2、学生3
机器人制造装配	材料及标准件采购						▬								学生2、学生3
	机器零件加工						▬	▬	▬	▬	▬				学生3、学生4
	控制部分制造									▬	▬				学生2、学生3
	机器人装配											▬			学生3、学生4
测验调试	力学性能测试												▬		学生2、学生3
	装置可靠性测试													▬	学生4、学生5
	模拟救援实验													▬	学生3、学生4学生5

项目组按计划执行的过程中，发现项目实施进度滞后，如表 2-11 所示，即项目实施至第 100 天，还未完成机器零件加工。

表 2-11　深水井救援机器人设计项目进度执行情况表（至第 100 天）

活动名称		项目起始日期：2013年5月6日；　时间单位：10天；　项目负责人：学生1												责任人
		1	2	3	4	5	6	7	8	9	10	11	12	13	
机器人设计	井上支撑装置设计										√				学生1、学生2
	井下救援执行装置设计										√				学生3、学生4
	控制部分设计										√				学生2、学生3
机器人制造装配	材料及标准件采购										√				学生2、学生3
	机器零件加工										O				学生3、学生4
	控制部分制造										×				学生2、学生3
	机器人装配										×				学生3、学生4
测验调试	力学性能测试														学生2、学生3
	装置可靠性测试										×				学生4、学生5
	模拟救援实验										×				学生3、学生4学生5

表 2-11 中，√ 表示项目活动已经完成，O 表示项目活动部分完成，× 表示项目活动尚未开始。

按照项目进度计划至 100 天，项目活动中的井上支撑装置设计、井下救援执行装置设计、控制部分设计、材料及标准件采购、机器零件加工应完成。但从项目进度执行情况表可以看出，机器零件加工活动还未完成，执行滞后于计划，应采取相应措施。其基本处理流程如图 2-20 所示。

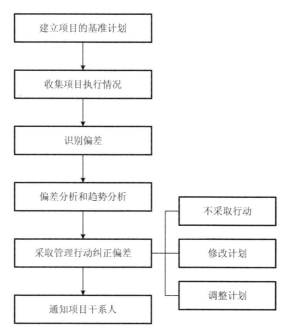

图 2-20　项目进度控制处理流程图

采取管理行动纠正偏差有三种情况：①不采取行动，如果问题不大，对项目的冲击很小，就没有必要采取措施；②修改计划，就是对各项计划内容进行适当修改；③调整计划，现在的执行情况与计划偏差较大，要考虑是否增加进度表的时间，或增加人员经费等，即探讨计划变动的可能性。

根据项目进度计划对项目的实际进展情况进行对比、分析和调整，从而确保项目目标的实现。其内容包括：确定项目的进度是否发生了变化，并采取相应措施；对影响项目进度变化的因素进行控制。

对于深水井救援机器人设计项目，如果进度要求不高，可以不采取行动，在以后的项目执行过程中多查验各项活动，并严格按照计划实施。如果项目的进度要求较高，可以通过提高项目组人员工作效率、增加资源（人员或设备）来解决。针对机器零件加工项目活动滞后的现状，可采取以下措施：①协调车床等加工资源，充分保证加工设备，提升加工的效率；②提高团队成员的工作效率或增加人力资源配置。

使项目活动进度得到充分的资源保障，最终使项目整体进度基本符合预定的进度计划要求。另一方面，为了赶进度增加了项目的资源配置，将会导致项目的总成本增加。在具体的实施过程中，要综合考虑进度、成本和质量三者的关系，一个成功的项目必须满足项目干系人在时间、费用和性能上的不同要求。

2.6　项目成本管理

项目成本管理是指在保证项目实际发生的成本不超过项目预算成本所进行的项目资源计划编制、项目成本估算、项目成本预算和项目成本控制等方面的管理过程和活动。项目成本管理须坚持两个理念，①项目全生命期成本管理的理念——全过程(20 世纪 70~80 年代提出)；②项目全面成本管理的理念——全方位(20 世纪 90年代提出)。项目成本构成主要由四项成本组成，在项目管理中，主要研究项目实施成本，如图 2-21 所示。

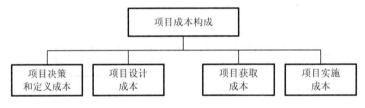

图 2-21　项目成本的构成

项目成本管理过程如图 2-22 所示。成本估算是对完成项目的活动所需资源的成本的估计(估算)；成本预算是进行项目成本控制的基础，是项目成功的关键因素，它是在成本估算的基础上进行的；成本控制就是控制那些将影响项目预算的变化。

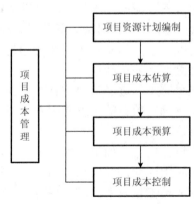

图 2-22　项目成本管理过程

2.6.1　项目资源计划

（1）资源的分类。

根据会计学原理对项目所需要的资源进行分类，可分为人力资源、材料和其他的"生产成本"；根据项目所需资源的类型进行分类，可分为可以持续使用的资源（人力等）、消耗性资源（材料、时间等）、双重限制性资源（资金的使用）；根据项目中所需资源的特点进行分类，没有限制的资源（可以无限使用的资源）和只能有限使用的资源。

（2）资源均衡和资源分配。

项目资源均衡和资源分配的方法很多，在此我们主要讨论资源平衡法。资源平衡法是指通过确定出项目所需资源的确切投入时间，尽可能均衡地使用各种资源来满足项目进度计划的一种方法。资源平衡法的主要步骤如下。

① 活动之间的技术约束分析，即明确项目各个活动之间的先后关系。

② 资源约束分析，除了考虑项目活动之间的技术约束，还应考虑资源约束的问题。

③ 绘制资源需求甘特图，在分析资源约束过程中，就可以进行资源需求甘特图的绘制，如图 2-23 所示。

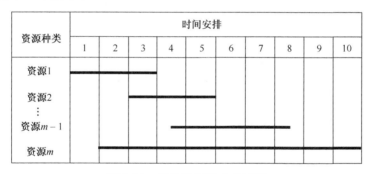

图 2-23　项目资源需求甘特图

④进行资源约束进度安排。主要涉及时间—资源优化和时间—费用优化问题。其中，时间—资源优化就是指在一定的资源条件下，寻求最短工期；或在一定的工期条件下，使投入的资源量最小。主要有两种情况，其一为资源一定，寻求工期最短；其二为工期一定，寻求资源量最小[9]。资源调整原则如下。

a. 优先保证关键作业和时差较小的作业对资源的需要；

b. 充分利用时差，错开各作业的开始时间，尽量使资源使用连续均衡；

c. 在技术条件允许的情况下，可适当延长作业的完工期，以减少对资源的需要；

d. 对有限资源的运用，不仅需要考虑数量限制，而且要考虑使用上的平衡。

例如，某高校机械工程实践中心现有加工设备清单如表 2-12 所示，学生实践项目有 12 个，每个项目都涉及机械制造、装配等工艺，需要使用现有设备。根据项目进度，各项目具体使用时间及所需加工资源如表 2-13 所示。

表 2-12　现有设备清单

设备代号	设备名称	数量
①	钳工台	2
②	普通车床	4
③	钻床	3
④	钻铣床	2
⑤	数控车床	2
⑥	电焊机	1
⑦	切割机	2

表 2-13　项目资源需求清单

项目代号	资源使用起止日期	所需资源、使用时长/天 ①	②	③	④	⑤	
A	6.1～6.15	3	8	3	4	1	
B	6.1～6.15	5	15	12	3	2	
C	6.5～6.20	2	6	1	2	1	设备⑥、⑦
D	6.5～6.20	3	5	4	3	1	使用时长相
E	6.5～6.20	6	8	5	6	2	对较短,且具
F	6.5～6.20	3	9	2	5	1	有较好的时
G	6.10～6.28	3	11	9	3	3	间调剂性,故
H	6.10～6.25	2	8	3	3	1	未在资源约
I	6.10～5.25	10	7	8	6	2	束中加以考
J	6.15～6.30	2	6	2	2	1	虑。
K	6.15～6.30	3	8	2	4	2	
L	6.15～6.30	6	12	7	5	1	

　　以使用普通车床为例,按最早开始时间安排进度,各项目的所需设备资源情况如表 2-14 所示,同一天最多需求量为 7 台,已超过实践中心所能提供普通车床的最高限额。箭头所包含的区域表示项目的加工跨度区间,即在该时间区域内加工都符合项目进度的要求。

　　通过合理调整时差,优化后的结果如表 2-15 所示,以达到设备资源需求的合理配置,并保证每天的需求量在设备的限额内,以便各个项目的顺利进行。

　　同理,也可对其他设备资源进行合理分配。在资源调整时,要充分利用时差,在考虑各种约束因素(工作条件、人力、设备能力、材料等)的前提下,应用反复实验法等方法对资源进行合理分配。

　　一个好的工程项目实践计划,往往需要进行多次综合平衡,才能得到较为优化的方案。反复试验法是资源平衡分析时常用的方法。反复试验法主要通过调整非关键活动的作业开始时间，经反复多次试验，从而实现在不延长项目预计工期的情况下实现资源均衡配置的一种方法。

表 2-14　多项目设备资源配置表（按最早开始时间）

项目代号	使用时间	资源初始分配表，时间：2013年6月1日至2013年6月30日，资源名称：普通车床																												
		1	2	3	4	5	6	7	8	9	10	11	12	13	14	15	16	17	18	19	20	21	22	23	24	25	26	27	28	29	30
A	8																														
B	15																														
C	6																														
D	5																														
E	8																														
F	9																														
G	11																														
H	8																														
I	7																														
J	6																														
K	8																														
L	12																														
资源需求量		2	2	2	2	6	6	6	6	5	7	6	6	5	4	6	6	5	4	4	4	3	1	1	1	1	1	0	0	0	0

表 2-15　多项目设备资源优化配置表

项目代号	使用时间	资源初始分配表，时间：2013年6月1日至2013年6月30日，资源名称：普通车床																												
		1	2	3	4	5	6	7	8	9	10	11	12	13	14	15	16	17	18	19	20	21	22	23	24	25	26	27	28	29	30
A	8																														
B	15																														
C	6																														
D	5																														
E	8																														
F	9																														
G	11																														
H	8																														
I	7																														
J	6																														
K	8																														
L	12																														
资源需求量		2	2	2	2	4	4	4	4	3	3	3	4	4	3	3	4	4	4	4	4	4	4	4	4	4	4	4	4	3	3

时间—费用优化，是综合考虑项目工期与成本的相互关系，寻求以最低的总成本获得最佳总工期的方法。

项目总费用是直接费用与间接费用之和，费用与工期的关系如图 2-24 所示。总费用=直接费用+间接费用。

赶工费用与时间的关系如图 2-25 所示。

直接费用增长率公式为

$$\beta = (Q_{赶} - Q_{正}) / (T_{正} - T_{赶})$$

进行时间—费用优化的主要步骤：①确定完工期与直接费用关系；②对全部作业取正常作业时间，通过计算求出网络图的关键路线、工期、相应的直接费用；③压缩费用增长率值较小的关键作业的持续时间，使直接费用增加最小。

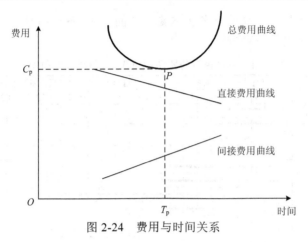

图 2-24　费用与时间关系

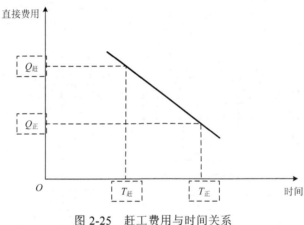

图 2-25　赶工费用与时间关系

2.6.2　项目成本控制的方法——偏差分析法

偏差分析法又称挣值法,是评价项目成本实际开销与进度情况的一种常用方法。

计划进度的预算费用(Budgeted Cost for Work Scheduled,BCWS)。BCWS 是指项目实施过程中某阶段进度计划的预算费用。

已完成工作量的实际费用(Actual Cost for Work Performed,ACWP)。ACWP 是指项目实施过程中某阶段完成工作量实际所消耗的费用。

已完成工作量的预算成本(Budgeted Cost for Work Performed,BCWP)。BCWP 是指项目实施过程中某阶段实际完成工作量按预算定额计算所得的费用,即挣值(Earned Value)。

费用偏差(Cost Variance,CV):CV 是指检查期间 BCWP 与 ACWP 之间的差异,计算公式为 CV=BCWP-ACWP。

当 CV 为负值时表示执行效果不佳，即实际消费费用超过预算值即超支；当 CV 为正值时表示实际消耗费用低于预算值，表示有节余或效率高。

进度偏差(Schedule Variance，SV)：SV 是指检查日期 BCWP 与 BCWS 之间的差异，其计算公式为 SV=BCWP−BCWS。当 SV 为正值时表示进度提前；当 SV 为负值时表示进度延误。

费用执行指标(Cost Performed Index，CPI)：CPI 是指预算费用与实际费用值之比(或工时值之比)，CPI=BCWP/ACWP。CPI＞1 表示低于预算；CPI＜1 表示超出预算；CPI＝1 表示实际费用与预算费用吻合。

进度执行指标(Schedule Performed Index，SPI)：SPI 是指项目挣得值与计划值之比，即 SPI=BCWP/BCWS。SPI＞1 表示进度提前；SPI＜1 表示进度延误；SPI＝1 表示实际进度等于计划进度。

挣值法中常见的情况及解决办法如表 2-16 所示。

表 2-16　挣值法中常见的情况及解决办法

序号	三参数关系	分析	措施举例
1	BCWP<BCWS BCWP<ACWP SV<0 CV<0	效率低 进度较慢 投入超前	用工作效率高的人员更换一批工作效率低的人员
2	BCWP>BCWS BCWP>ACWP SV>0 CV>0	效率高 进度较快 投入滞后	若偏离不大，维持现状
3	BCWP>BCWS BCWP<ACWP SV>0 CV<0	效率高 进度较快 投入超前	调出部分人员，放慢速度
4	BCWP<BCWS BCWP>ACWP SV<0 CV>0	效率较高 进度较慢 投入滞后	迅速增加人员投入

挣值法各指标含义汇总如表 2-17 所示。

表 2-17　挣值法各指标含义

绩效指标		SV 和 SPI		
		>0 和>1.0	=0 和 =1.0	<0 和<1.0
CV 和 CPI	>0 和>1.0	进度提前 未超预算	符合进度 未超预算	进度落后 未超预算
	=0 和 =1.0	进度提前 符合预算	符合进度 符合预算	进度落后 符合预算
	<0 和<1.0	进度提前 超预算	符合进度 超预算	进度落后 超预算

　　例如，深水井救援机器人项目中的子项目——机器零件加工(1220)，预算费用12000.00 元，计划用 51 天时间完成。开工 10 天后，已完成总加工工作量的 18%，实际花费 2300.00 元。那么该子项目的

$$BCWS=12000.00×10/51=2352.94$$
$$ACWP= 2300.00$$
$$BCWP=12000.00×18\%=2160.00$$
$$CV=BCWP-ACWP=2160.00-2300.00=-140.00$$
$$SV=BCWP-BCWS=2160.00-2352.94=-192.94$$
$$CPI=BCWP/ACWP=2160.00/2300.00=0.94$$
$$SPI=BCWP/BCWS=2160.00/2352.94=0.92$$

　　根据挣值法指标可以得出：该子项目进度落后，费用超预算。应对项目执行情况进行分析和梳理，找出存在的问题，并积极采取有效措施加以纠正。机器零件加工子项目可通过优化人员和资源的配置，加快进度、严控预算费用，努力使项目的执行情况符合项目计划的要求。

第3章 机械工程调查研究项目实践

3.1 概　　述

工程是按照人类的目的而使自然界人工化的过程，是组织设计和建造人工物以满足某种明确需要的实践活动，一般经历构思、设计、制造、运行与维护以及报废的生命周期。机械产品是一类工程对象，首先是社会需求形成设计制造产品的必要性，再应用工程技术设计、制造出满足需求的产品，销售给需要者使用及至报废。在抽象视角上，机械产品包含物质、社会和技术三大属性：①物质属性是指必须使用工具、消耗材料制造出产品，在制造和使用过程以及报废后可能对环境产生不良影响的物质；②技术属性是指实现产品的功能和性能的原理和方法，以及制造产品的工艺手段；③社会属性是指产品满足使用者的需求，为产品制造参与者带来就业机会，对社会的经济、政治和文化产生影响。可见，机械产品是物质、技术和社会三大属性的综合体，与经济、政治、文化、资源、环境等因素有着紧密的联系。

人类在应用科学技术改造自然界带来福祉的同时，衍生了环境、资源、能源、健康等全球性重大问题。这些重大问题不仅需要科学家关注，更需要每一位工程活动的参与者承担应有的责任。机械产品的物质、技术和社会三大属性决定了其对人类重大问题的显著影响。在全球经济一体化的环境中，解决全球化重大问题不仅是责任，更已成为技术创新的出发点和根本动力。因此，机械工程专业学生应培养能够思考宏观问题、重大问题以及整体联系的宏思维能力。宏思维能力体现在四个方面：①宇宙观和世界观，包括对宇宙事物、人类社会发展的宏观认识,对世界事物(自然也涉及其学习或工作领域背景的相关事物)的认识，也包括对社会发展中的重大问题的认识；②方法论，从整体中认识事物和把握事物的能力，从纷纭复杂的事物联系中寻找正确的解决方案的能力；③责任感，对社会、对人类面临的若干重大问题的认识，如人类环境、人类健康、资源消耗等；④宏伟目标，具有从重大问题需求和目标出发，解决这些问题的思想、理念和行为；⑤情商，具有良好的人文情怀、团队协同和领导能力[10]。

调查研究是指通过各种途径，运用各种方式方法，有计划、有目的地了解事物真实情况，并对调查材料进行去粗取精、去伪存真、由此及彼、由表及里的思维加工，从而获得对客观事物本质和规律的认识。机械工程调查研究项目一般是指针对某类机械产品或某个产品，开展社会需求、发展现状以及对社会、经济、文化、环境、资源等方面影响的调查研究，提出相应的产业发展规划建议、产品研发计划以及相关问题的对策等。

培养宏思维能力，实践是关键。机械工程专业学生开展调查研究类项目，应从关注人类社会重大问题出发，按照"大视野思维，小问题创新"原则，认识机械产品的物质、技术和社会三大属性，分析研究产品对经济、政治、文化、环境和资源等方面的影响，针对问题分析研究产品创新的必要性和可行性。掌握自然科学和社会科学跨领域综合分析方法，为开展产品创新项目奠定基础。

3.2　机械工程调查研究项目的类型

机械工程领域的调查研究一般可以分为市场调查分析、可行性分析研究等。根据机械工程项目实践能力的发展，我们把调查研究类项目分为认知型项目、分析研究型项目和创新型项目。

(1)认知型机械工程调查研究项目。

任何一个机械工程系统或机械产品都是社会需求而产生的，其功能满足社会需求而造福人类，与此同时，其制造和使用过程中消耗资源和能源及影响环境和人类健康。因此，机械工程专业学生在学习机械产品设计与制造相关知识和项目实践之前，有必要选择典型机械产品，通过文献检索和社会调查研究，系统了解产品满足社会需求和影响环境、能源、资源、健康等情况。这类活动即称为认知型机械工程调查研究项目。

认知型机械工程调查研究项目的实践对象一般为机械工程专业一年级学生，实践目标为全面理解机械产品满足社会需求和影响环境、能源、资源、健康等情况，实践方式以典型机械产品为对象开展社会调查研究，实践内容为调查用户对产品的满意度、产品制造和使用过程对环境、能源、资源、健康等因素的影响或潜在的影响。

(2)分析研究型机械工程调查研究项目。

在认知型机械工程调查研究项目实践的基础上，系统考虑技术、社会、环境、资源、能源、健康、文化、道德等因素，通过初步调查分析，发现机械产品或系统中存在的问题，采用现象因素分析法等方法探究问题的本质，掌握跨学科的科学研究基本方法。这类活动即称为分析研究型机械工程调查研究项目。

分析研究型调查研究活动是企业经常开展的活动。分析研究型机械工程调查研究型项目一般可以针对现已有产品或工程技术或已经进入应用阶段而尚未普及的前沿技术，调查研究其对环境、能源、资源、健康(安全)、全球经济发展的影响，研究分析影响其进一步推广、扩大市场的因素及策略。

(3)创新型机械工程调查研究项目。

任何产品或工程技术创新的内在动力来自于市场和工程实际，在初步调查的基础上，获得潜在的市场需求，系统考虑技术、社会、环境、资源、能源、健康、文化、道德等因素，提出技术或产品创新的可能性，进一步通过市场调查，明确市场需求信息，确定产品或技术创新的可行性，提出产品功能与研发策略。这类活动称为创新型机械工程调查研究项目实践。

企业研发新产品前一般要开展这类活动，经过更为周密的可行性调查研究活动，确定新产品研发方案。实际上，有价值的创新想法不一定是一蹴而就的，往往是一开始有点想法，在深入调查研究的过程中逐步获得系统的创新想法。机械工程专业学生通过这类活动培养创新意识，掌握如何从市场获得产品创新想法、通过调查研究验证创新想法的可行性，以及构思新产品研发策略的能力。

3.3　文献查阅及综述方法

查阅文献资料是开展机械工程项目实践活动的基础，在项目选题和撰写项目申请书(或开题报告)中具有重要作用。选题是创新的关键，必须通过广泛阅读文献资料，了解感兴趣问题的国内外研究现状和发展趋势，并通过必要的社会调查，提出具有一定意义的项目选题，在分析归纳的基础上，撰写文献综述报告，提出项目的研究目标、研究内容、研究方案及可行性分析，撰写项目申报书。因此，很有必要掌握科学的文献查阅和文献综述方法。

3.3.1　文献查阅方法[11]

文献泛指一切纸质或电子形式的文字、图像、音响、视听信息资料等。现代文献包括图书、期刊、报纸、报告、档案等印刷品，也包括磁带、磁盘、光盘、电影、胶片、微缩胶卷等实物形态材料。文献是记录、积累、传播和继承知识的最有效手段，是人类社会活动中获取情报的最基本、最主要的来源，也是交流传播情报的最基本手段。

1. 文献分类

文献按其加工程度，可以分为零次文献、一次文献(原始文献)、二次文献(各种文献检索工具)、三次文献(综述、动态、年鉴、手册、辞典、百科全书等)。

(1)零次文献。一种特殊形式的情报信息源，主要包括两个方面的内容：一是形成一次文献以前的认知信息，即未经记录，未形成文字材料，是口头交谈；二是未公开于社会，即未经正式发表的原始的文献，或没正式出版的各种书刊资料，如书信、手稿、记录、笔记和一些内部使用、通过公开正式的订购途径所不能获得的书刊资料。零次文献一般通过口头交谈、参观展览、参加报告会等途径获取。

(2)一次文献。指一切原始文献，即由作者创作的一切第一次刊载的文献及本刊手写稿或档案资料，包括报刊论文、专著、研究报告、文学作品、会议文献、专利说明书等。一次文献的特点在于其创造性，故学术参考价值很高，储存量最大，然而也最分散，是检索的主要对象。

(3)二次文献。指为查检一次文献而编辑的文献，包括各种类目录、索引、题录、文摘等。一些可以帮助检索一次文献的工具书，也具有二次文献的性质。这类文献的出版是为了控制和利用一次文献，它们是将大量的、分散的一次文献有序化形成的一种检索工具。其特点是：系统性、报道性、浓缩性、易检性。

(4)三次文献。指在一次、二次文献的基础上编制的查阅二次文献和了解学术动态、水平以及一次文献概况的出版物，包括百科全书、年鉴、手册、指南、名录、要览和书目的书目，以及发表在文摘或普通期刊报纸上的动态综述、学术述评、进展报告等。其特点在于综述性、总结性和先导性，对学术研究具有很大的指导和参考作用。

2. 文献检索网络工具和数据库

随着信息技术的快速发展，网络成为文献检索的重要手段。利用百度、Google 等搜索引擎可以方便地获得各种所需的信息资料，其缺点是信息的可靠性和准确性难以保证。文献数据库是专利、期刊、学位论文等重要学术文献的权威检索工具。建议把网络搜索引擎作为初步的信息查询工具，主要的检索工作应通过文献数据库完成。高校图书馆一般购买了重要文献数据库的使用权，可以通过学校网络方便地使用文献数据库。常用的文献数据库包括以下几种。

(1)中国知识基础设施工程网(简称中国知网，CNKI 数据库)。它是以实现全社会知识信息资源传播共享和增值利用为目标的信息化建设项目，由清华同方光盘股份有限公司和清华大学中国学术期刊(光盘版)电子杂志负责牵头实施，其建立的CNKI 系列数据库包括期刊、报纸、博硕士毕业论文等，收录了自 1994 年以来国内公开出版的 8400 多种期刊和报纸上发表的文章全文。

(2)万方数据库资源系统(简称万方数据库)。万方数据《中国学位论文文摘数据库》是国内收录学位论文信息最全的数据库。它是由中国科技信息研究所、万方数据集团公司开发的建立在互联网上的大型中文网络信息资源系统。它由面向企业界、经济界服务的商务信息系统、面向科技界的科技信息子系统及数字化期刊子系统组成。数字化期刊子系统使得用户可在网上直接获得万方新提供的部分电子期刊的全文。万方期刊集纳了理、工、农、医、人文五大类 70 多个种类共 4529 种科技期刊全文。

(3)中国科技期刊数据库(简称维普数据库)。它是由重庆维普咨询公司开发的一种综合性数据库，也是国内图书情报界的一大知名数据库。它收录了近千种中文期刊和报纸以及外文期刊，对数据进行严谨的研究、分析、采集、加工等深层次开发和推广应用。

(4)超星数字图书馆。目前世界最大的中文在线数字图书馆，提供大量的电子图书资源，提供阅读和下载，涉及哲学、宗教、社科总论、经典理论、民族学、经济学、自然科学总论、计算机等各个学科门类。内有 500 万篇论文，全文总量 10 亿余页，数据总量 1000000GB，大量免费电子图书，超 8 万的学术视频，拥有超过 35 万授权作者，5300 位名师，1000 万注册用户并且每天仍在不断地增加与更新。

3. 文献检索方法

文献检索是借助检索工具或检索系统，运用正确的检索方法，从各种类型的文献中查找所需文献信息的过程。要想快速、详细了解与项目相关的文献，掌握文献检索方法是重要的一环，只有选择了科学有效的检索方法，才可以快、精、准地获取大量所需要文献信息，提高检索效率。目前情况下，文献检索的方法主要有以下几种。

(1)直接法：就是直接从有关的一次文献中获取所需信息的检索方法。其优点是简单、快捷，缺点是费时、费力，很难查全，比较分散且具有一定的盲目性。在项目选题或开题阶段，凭借浏览获取文献信息，获取的对象范围不确定，可采用该检索办法。

(2)追溯法：以文献所附的参考文献、书目等为线索，逐一追踪查找，不断扩大线索，最终找到自己所需的资料。这种方法适用于被许多人重复和反复引用过的文献期刊。

(3)工具法：指利用一定的检索工具或检索系统获取文献信息的检索方法，包括顺查法和倒查法。顺查法是指从时间上由远到近逐年查找的方法，倒查法则与此相反，时间上是由近到远。工具法可节省检索信息，能够获得较为全面的文献信息，是比较科学正规的文献检索方法。

(4)综合法：是把直接法、追溯法、工具法相结合的检索方法。根据所需检索的内容灵活使用各种方法，容易检索到自己所需的文献，这也是目前大学生普遍使用的方法。

4. 文献阅读方法

检索到一定数量的文献后，一般采用浏览、筛选、精读、记录等步骤开展文献阅读工作。

(1)浏览。

文献搜集告一段落后，应将搜集到的文献资料全部阅读一遍(包括对音像文献的视听)，以对它们有初步认识，即大致了解文献的内容，初步判明文献的价值。浏览时应注意以下几点：第一，要粗读而不要精读；第二，只读"干货"而去除"水分"，即只注意文献的筋骨脉络、主要观点和有关数据，跳过那些无关紧要的过渡段落、引文和推理过程等；第三，全神贯注，思维敏捷；第四，抓住重点，迅速突破。

(2)筛选。

在浏览的基础上，根据项目的需要，从所搜集的文献中选出可用部分。筛选时应当注意以下几点：第一，必须注重文献的质量，或是文献的信度和效度，即文献的可靠性和有用性；第二，要注重所选文献的代表性；第三，在筛选时，应从应用的角度，区分文献的层次。可以把全部文献预设为必用、应用、备用、不用等几个部分。

(3)精读。

对于筛选出的可用文献要认真、仔细地阅读，同时着重在理解、联想、评价等方面下工夫。文献越重要，下的工夫也要越大，那些必用和应用文献往往需要反复地阅读、思考。在精读时，不但要认真理解文献所阐述的观点，详细了解文献所引用的事实，而且要把它们与其他文献联系起来进行反复对比和研究，还要对文献所引用的事实和阐述的思想同研究课题之间的关系做出客观判断和全面评价。在此基础上，进一步明确对研究课题有价值的信息。

(4)记录。

把在精读中确认的有价值信息记录下来，供进一步分析研究之用。记录信息最基本的要求就是及时，最好精读与记录同步进行，边看边记，边听边记，或是读一部分记一部分。如果记录太滞后，不仅会事倍功半，而且容易丢掉在精读中常有的一瞬间产生的思想火花。

3.3.2　文献综述方法

文献综述是对某一学科、专业或专题的大量文献进行整理筛选、分析研究和综合后提炼而成的一种学术论文，是高度浓缩的文献产品。其特点是"综"和"述"，"综"要求对文献资料进行综合分析、归纳整理，使材料更精练明确、更有逻辑层次；"述"则要求对综合整理后的文献进行比较专门的、全面的、深入的、系统的、客观的论述。

文献综述应反映当前某一领域中某分支学科或重要专题的历史(前人已经做了哪些工作)、现状(进展到何种程度、有几个学术流派等)、最新动态(国内外相关研究的新趋势、新方法、新原理等)，并提供参考文献。

撰写文献综述的主要步骤包括以下内容。

(1)根据项目领域确定文献检索关键词，采用合适的检索方法，获得足够数量的文献；

(2)根据文献阅读和记录，分析归纳出相关问题涉及的观点、原理、方法等，拟定综述提纲；

(3)根据综述提纲，逐个部分分别叙述并分析比较不同文献相应的做法和成果；

(4)分析总结文献的研究方法和成果存在的不足，提出需要进一步解决的问题。

【文献综述例子：机器人安全性工程研究综述】

安全性工程是以产品的性能和费用为约束条件，在产品生命周期所有阶段，利用专业知识和系统工程方法，识别、评价、消除或控制产品中的危险因素，提高和保障产品的安全性，使产品具有最佳安全程度的专业工程。机器人的自由度比其他普通机械大得多，它的工作部件可以在较大空间内运行，具有高速运动的大功率手臂和复杂自主的动作，若机器人发生故障，可能造成非常严重的危害。因而，确保机器人可靠安全地运行是提高其使用性能的关键[12]。

为了开展机器人安全性工程研究，需要了解国内外研究现状，做好文献查阅和综述工作。主要步骤如下。

（1）以"机器人"、"机器人技术"、"安全性"、"可靠性"等关键词搜索查找国内外文献 60 余篇；

（2）通过浏览阅读发现，文献主要针对机器人安全事故原因和提高机器人安全性的措施进行了研究，可以归纳出如下综述提纲。

① 机器人安全性工程发展概况。

② 机器人安全事故原因分析。

③ 提高机器人安全性的具体方法。

    a. 机器人安全人机工程措施；

    b. 安全性设计与评估；

    c. 机器人安全监测；

    d. 安全性标准。

④ 结论。

（3）根据综述提纲，逐个部分按照文献研究时间顺序和国外、国内研究现状，分别叙述，并分析比较不同文献相应的做法和研究成果；

（4）针对机器人安全性工程，总结文献及现有成果存在的不足，提出需要进一步解决的方向。

以下给出文献[12]中机器人安全事故原因和机器人安全人机工程措施的综述内容，其他部分详见文献[12]。

机器人安全性工程研究综述

0　引言(略)

1　机器人安全性工程发展概况(略)

2　机器人安全事故原因分析

对机器人安全事故的原因进行分析,并采取相应的针对性措施预防事故的发生,是提高机器人安全性的基础。这也是机器人安全性研究初期的重要内容。

1997 年，Sugimoto[10]率先对机器人事故进行了详细的分析,指出机器人事故最易发生在编程过程和维修过程中,而只有 10%的事故是发生在机器人正常运行过程中。1980 年，Carlsson 等[11]通过调查发现，在 13 起机器人安全事故中，最大的危险来源于两方面：操作人员的失误；机器人自动运行过程中，有人闯入机器人的工作区域。

1982 年，日本劳工省对工业机器人的运行情况进行了普查，共记录了 11 起重大安全事故，以及 37 起未造成严重后果的事故。在这 11 起事故中，共有 8 起(73%)是由机器人异常启动导致的。在所有事故中，约有 1/3 是由操作人员的失误导致的，另外 2/3 是由机器人自身故障导致的[12]。

1983 年，Ziskovsky[13]指出导致机器人致命事故的主要原因在于对机器人的能力和缺陷缺乏正确和全面的认识。同年，Percival[14]对不同国家和地区发生的机器人事故进行了广泛调研,并对导致机器人事故的各种原因进行了总结。Parsons[15]于 1985 年也进行了类似的研究工作。

1984 年，Collins[16]经过研究指出，在机器人系统设计和安装中，使机器人系统具有足够的运转空间，避免出现过窄的区域，对于避免机器人事故的发生非常重要。

1986 年，Ryan[17]基于操作人员的行为模型给出了导致机器人安全事故的原因的量化分析。同年，为了对机器人固有的安全性进行定量分析，Sugimoto 等[18]给出了如下定量关系：

$$安全威胁=故障发生概率×故障导致危害发生的概率×伤害程度$$
$$=可靠性×安全性$$

综上所述，导致机器人安全事故的原因主要有：①工作人员操作失误；②人员异常闯入；③机器人故障。其中，工作人员操作失误和人员异常闯入是导致机器人安全事故的人的因素，而机器人故障则是导致事故的机器人自身的因素，体现了机器人固有的安全性水平。而提高机器人的安全性则要针对导致事故的原因，采取相应的解决措施。

3　提高机器人安全性的具体方法

3.1　机器人安全人机工程措施

机器人安全人机工程学针对机器人设计、操作和维修中人的行为准则和所应具备的特性进行研究[19]，也就是对导致机器人事故的人的因素进行分析，并给出相应的解决措施。

1985 年，Ghosh 等[20]率先对机器人维修过程中的人机交互过程进行了探讨，并给出了相应的提高机器人安全性的方法。

1987 年，Parsons[21]阐述了"人机工程"的研究能够帮助预防机器人伤害操作人员、损毁设备等安全事故的发生。

1988 年，Karwowski[22]等通过统计分析发现，机器人运行过程中，操作人员同控制台的距离过大是导致事故的重要因素，因为它直接影响了操作人员在正常操作中发生误操作的概率和紧急状态下的响应速度。在发生事故的机器人系统中，这个距离平均为 20.9cm，而在未发生事故的系统中，这个距离平均为 15.3cm。

1990 年，Karwowski 等[23]给出了一种对机器人系统中人机工程因素进行设计的框架。同年，Beauchamp 等对机器人异常动作时影响操作人员响应行为的因素进行了分析和评估[24]。

1992 年，Sun 等[25]引入了一种人机共生系统的安全设计理念，对工业机器人控制面板中各功能开关进行合理的布局，以实现人机的最佳匹配，降低误操作概率，提高机器人系统运行的可靠性和安全性。

1997 年，Pegman 等[26]指出良好的人机接口设计可以极大地提高复杂机器人系统的安全性。Yamada[27]提出了一种"以人为本"的设计方法，通过确定操作人员的疲劳极限，防止因操作人员过度疲惫导致的安全事故。Kuroda[28]对各人种的文化上的差异对人机操作过程的不同影响进行了分析。

1999 年，Yamada[29]应用故障树分析方法(FTA)对机器人系统的安全问题进行了分析,指出人/机意图的失谐是导致事故的重要原因。

2000 年，Lim 等[30]对一种人机友好的机器人安全设计方法进行了研究，并采用了一系列安全措施，包括应用弹性材料设计机器人的主体，应用被动式的机器人移动平台，降低机器人对人类的威胁，实现真正意义上的人机共生。

3.2　安全性设计与评估(略)

3.3　机器人安全监测(略)

3.4　安全性标准(略)

4　结语(略)

参考文献(略)

3.4　社会调查方法[13]

3.4.1　社会调查的概念

调查，就是调查者为了了解调查客体的状况而对调查客体进行的查核和计算。这里所说的状况，既包括事物"质"的方面(查核)，又包括事物"量"的方面(计算)；同时，既应包括事物静态的方面，又应包括事物动态的方面。我们进行调查，既应了解事物当前的状态，又应了解事物发展变化的过程。调查，是主观对客观的如实反映。

调查，是调查者努力使自己的认识贴近客观现实，而不是相反。调查对象是客观存在的，调查对象的性质和数量也是客观存在的。调查者在调查过程中，就是努力使自己认识、了解、把握客观事物的"质"和"量"。只有使自己的调查结果符合客观实际，调查才有成效，否则就是对客观实际的曲解。

调查大致可以分为两个领域：对自然现象的调查和对社会现象的调查。所谓社会调查，是调查者对社会现象进行的调查。

3.4.2　社会调查的种类

社会调查可以按照多种标准进行划分。常见的划分主要有以下七种：直接调查和间接调查、常模调查和比较调查、事实调查和意见调查、综合调查和专题调查、全面调查和非全面调查、统计调查和个案调查、文献检索式调查、观察式调查和问卷式调查。

1. 直接调查和间接调查

按照社会调查的资料来源，社会调查可分为直接调查和间接调查。直接调查是指对于第一手资料的调查，即直接通过自己的感官或借助仪器对感性材料的调查。间接调查是指对于第二手资料的调查，即通过文献检索对他人已经进行的调查资料进行的调查。第二手资料有些是原始资料，有些是经过浅加工的资料（如统计报表），有些是经过深加工的材料，如分析报告、论文等。

间接调查以直接调查为基础，因为没有直接调查就没有前人的文献，无法进行文献检索。在新开拓的研究领域，一般只能进行直接调查，因为没有第二手资料可供参考；而在传统的研究领域，一般均需要局限文献检索。直接调查的优势是真实，因为任何文献都可能有错误，如果只进行文献检索，很可能以讹传讹。间接调查的优势是省时省力（在需要大规模数据的场合，相对于直接调查而言），避免重复劳动，克服调查者人力紧张的局限性，"站在巨人的肩膀上"迅速进入研究的前沿。

2. 常模调查和比较调查

按照社会调查的目的，社会调查可分为常模调查和比较调查。常模调查是以了解一般情况、寻找一般数据为目的的调查。调查者可以通过常模调查了解某个或某种调查客体的绝对数或相对数，从而把握该领域的一般情况。比较调查是以比较两个或多个调查客体（国家、地区、单位、人等）的状况为目的的调查。

任何社会调查从本质上说，都是常模调查。同时，社会现象的发展不是孤立的，一个社会现象的演变与许多其他社会因素有关。因此，我们要了解社会现象的发展演变，就需要把这个想象放在更大的背景下来考察，就需要与社会现象、社会领域、社会组织等进行比较，就需要进行比较调查。常模调查是比较调查的基础，没有对多个国家、多个地区、多个时期情况的常模调查，就无法进行比较调查。事实上，比较调查就是对相关的多个调查客体分别进行的常规调查。

3. 事实调查和意见调查

按照调查的内容，社会调查可分为事实调查和意见调查。事实调查是指调查的内容为客观资料或数据的社会调查。事实调查的调查客体具有最大的客观性，它是不以人的意志为转移的、已经发生的客观事实。意见调查是指调查的内容为人们对某些事物的意见、看法的社会调查。

如前所述，社会调查是包含了人们的主观因素在内的社会现象。社会现象相对于调查者都是客观的，但相对于调查者对象未必都是客观的。由于社会现象是人与相关的现象，由于导致社会现象发生的任何人的行为都有一定的动机，任何社会现象都会对不同的社会成员产生不同的调查时，不仅要了解客观事实，而且要了解引起这些客观事实的主观因素。了解这些客观事实所引发的主观因素，不仅要眼中有物，而且要眼中有人；不仅要进行以客观事实为指向的事实调查，而且要进行以主观因素为指向的意见调查。

4. 综合调查和专题调查

按照调查事项的多少，社会调查可分为综合调查和专题调查。综合调查是指涉及许多内容的社会调查。而专题调查是指涉及某一方面内容的社会调查。

一般来说，综合调查与专题调查的划分是相对的，因为从系统论的角度看，任何事物都是一个复杂的系统，都包含了若干子系统，而任何系统又都是更大的系统的子系统。从一个系统的角度看，对于这个系统的各个方面的调查属于综合调查，而对于这个系统的某个方面的调查属于专题调查。但是，这个专题调查所涉及的方面就是这个系统的一个子系统，而从这个子系统的角度看，对这个子系统的调查又属于综合调查。

5. 全面调查和非全面调查

按照调查客体的选取标准，社会调查可分为全面调查和非全面调查。全面调查又称为普遍调查（普查），是指选取全部客体作为调查客体进行的社会调查。这种社会调查的优点是可了解全面情况，其缺点是需要耗费较多的人力、物力、财力且需要耗费较多的时间。

非全面调查是指选取一部分为客体作为样本进行的社会调查。这种社会调查的缺点是难以直接了解全面情况，其优点是可以节省人力、物力、资金、时间。非全面调查按照选取样本的方式，可分为随机抽样调查、重点调查和典型调查。

随机抽样调查是指从总体的全部单位（个体）中用随机抽样的方法抽取一部分样本，并根据样本的调查结果推断总体的调查方法。抽样调查相对于全面调查，具有节省人力、物力、调查误差小、操作灵活和取得资料较快等优点。因此，被人们看成统计调查中的重要方法之一。目前，我国政府统计部门的人口变动情况调查、城乡住户调查、农产量调查、物价调查以及农村劳动力结构、固定资产结构等调查均采用抽样调查的方法。今后，随着社会主义市场经济体制的建立和完善，抽样调查将得到更加广泛的应用。

重点调查是指从调查总体中按照一定标准选取重点单位（如销售量较大的商场、教师较多的学校、车辆较多的出租汽车公司等）作为样本，并根据样本的调查结果推断总体的调查方法。重点单位是指在总体中占有较大比重、对总体的发展有较大影响的个体。

　　典型调查是指从总体中选取典型单位作为样本，并根据样本的调查结果推断总体的调查方法。根据调查的目的和要求，在对所研究对象进行全面分析的基础上，选择少数有代表性的单位作典型，进行深入周密的调查研究，所谓"解剖麻雀"就是典型调查。典型单位是指在总体中最有代表性的单位，一般是在总体中各方面均处于平均水平的。典型调查的特点在于：调查单位少，且调查单位经过全面分析选择，具有代表性，便于进行深入、具体、周密的调查。典型调查和全面统计结合，既可以掌握全面情况，又具有典型材料，为分析问题、解决问题提供了丰富生动的资料。

　　6. 统计调查和个案调查

　　按照社会调查的分析方法，社会调查可分为统计调查和个案调查。统计调查是指通过统计分析对总体情况进行的社会调查。一般只能了解总体的全面情况，而无法了解个体的特殊情况。统计调查一般只能了解客观、外在的状况，而不能了解社会成员的心理状况。统计调查的社会学基础是实证主义。

　　在统计调查中，按照样本的多寡，可分为大样本调查和小样本调查。大样本调查是选取较多个体作为样本的调查，小样本调查是选取较少个体作为样本的调查。此种划分具有相对意义。大样本调查可以比较精确地了解总体的情况，但费时、费力、费钱；小样本调查难以精确地了解总体的情况，但省时、省力、省钱。

　　个案调查是指选取某些个体(个案)作为样本进行的社会调查。个案调查一般要进行较深入的调查，特别适合于进行个案的心理剖析，其社会学基础是诠释主义。

　　7. 文献检索式调查、观察式调查、访谈式调查和问卷式调查

　　按照社会调查的具体方法，社会调查可分为文献检索式调查、观察式调查、访谈式调查和问卷式调查。

　　文献检索式调查是指对某个领域的已有文献包含的成果进行的调查。任何调查都不能脱离前人的已有成果，都应通过文献检索避免重复劳动。对已有的文献进行分析，利用前人的研究成果，也可以避免重复前人的错误。但是，通过文献检索得到的知识和经验是第二手的，因此，如果前人做出了错误的描述，后人就难以纠正，只能以讹传讹；调查的范围一般不易有所突破，甚至调查的结论也难以有所突破。

　　观察式调查是指调查者通过对调查对象的观察进行的调查。对调查对象的观察，可以直接了解被观察的事物的发生和发展的过程，或直接了解被观察的人的行为方式。从这个意义上说，观察法是最"可靠"的研究方法。同时，观察法有助于纠正访谈法的弊端：可以通过对观察对象的观察，与研究对象的陈述相对照，以得出比较符合实际的结论。观察法还可以了解访谈对象不愿意涉及或忽略的方面。

　　访谈式调查是指调查者通过与访谈对象的系统的谈话，对与访谈对象有关的情况进行的调查。通过对访谈对象的深入细致的访谈，可以挖掘调查对象的内心活动。

但是，访谈式调查不具有定量研究的推广度。当然，只要访谈法能够深入到事物的核心，找出事物的本质特征，其研究结果就能够有助于对其他对象的认识。此外，访谈法的结论需要认真分析、校正，因为访谈对象的陈述不一定就是访谈对象的真实想法，所以就需要通过了解其他有关情况（如观察当事人的行为）来印证或否定当事人的陈述。

问卷式调查是指调查者通过问卷询问调查对象有关问题（看法、态度、状况等）的调查。采用标准化的问卷可以在较短的时间内进行大样本的调查、减少因调查者素质的差异而对调查质量的影响。但是，问卷式调查对于敏感问题的调查信度不可能高，问卷回收率对调查质量的影响明显。

3.4.3　社会调查研究的准备工作

1.　选定调查方法

常见的调查方法有文献检索、观察法、访谈法、问卷调查法等。各种调查方法都有利弊，没有绝对好的方法，也没有绝对差的方法。调查方法的选择，与调查项目有直接的关系。属于纯客观情况的调查，一般适宜采用观察法、问卷法，而属于涉及主观因素的调查，一般适宜采用访谈法；属于研究历史比较长的课题，应该进行文献检索，而新领域的课题，无法进行文献检索；人力、资金、时间较充裕的，可选择大样本的统计调查，而人力、资金、时间不充裕的往往只能选择个案调查。此外，人们可以同时选择多种调查方法，以克服单独选择一种调查方法时的弊端。

（1）问卷法：它是社会调查研究中最常用的收集资料的方法之一，是调查者运用统一设计的问卷向被选取的调查对象了解情况或征询意见的调查方法。根据问卷分发和回收形式的异同，问卷法分为直接发送法和间接发送法；根据问卷填答者的不同，则分为自填式和代填式两种。

（2）访谈法：访谈法是访谈者根据调查研究所确定的要求与目的，按照访谈提纲或问卷，通过个别访问或集体交谈的方式，系统而有计划地收集资料的一种调查方法。访谈法按照操作方式和内容可以分为结构式访谈和非结构式访谈；按照访谈对象的人数可以分为个别访谈和集体访谈。结构式访谈又称为标准化访谈、问卷访谈，是按照统一设计的、有一定结构的问卷所进行的访谈。非结构式访谈又称为非标准化访谈、深度访谈、自由访谈，是一种无控制或半控制的访谈，包括重点访谈、深度访谈和客观陈述式访谈等类型。

（3）观察法：也称实地观察法，是观察者有目的、有计划地运用自己的感觉器官和辅助工具，能动地了解处于自然状态下的社会客观现象的方法。它的主要作用就在于收集到真实可靠的资料，并通过对资料的科学分析得出正确的结论。它通常用于在实地调查中收集社会初级信息或原始资料，而且通常结合其他调查方法共同使用。观察法的特点：它以人的感觉器官为主要调查工具；它是有目的、有计划的自觉活动；它是一定理论指导下的观察；它观察的是保持自然状态的客观事物。在运用观察法时，应遵循以下基本原则：客观性原则、全方位原则、求真务本原则、法律和道德伦理原则。

（4）实验法：也称实验调查法，是实验组有目的、有意识地通过改变某些社会环境的实践活动来认识实验对象的本质及其发展变化规律的方法。它是一种最重要的直接调查方法，也是一种最复杂、最高级的调查方法。实验法的基本要素有实验主体、实验对象和实验环境、实验活动、实验检测。实验法的主要任务就是明确实验对象和实验激发之间的因果关系，由此认识实验对象的本质及其发展变化的规律。它一般包括三个组成部分：自变量与因变量、实验组与对照组（也称控制组）、前测与后测。

2. 草拟调查提纲

调查提纲是社会调查工作的调查项目设计。

调查提纲的作用是：首先，调查提纲是收集资料的依据。有了调查提纲，调查工作才能避免顾此失彼。其次，调查提纲是设计具体调查方法、人员安排、时间安排、资金安排的依据。最后，调查提纲是调查报告的梗概，其内容要符合调查报告的需要。

调查提纲的要求是：逻辑清楚（与调查目的的关系明确），层次分明（分层次列举调查项目，即使调查内容细化，便于实施），重点突出（确定主要的或重点的调查项目，以便实施时花费的时间、精力有所侧重），保持稳定（调查提纲的内容要反复斟酌，仔细推敲，一经确定，就不宜再动，以免影响调查工作的顺利开展）。

3. 制订调查计划

调查计划是社会调查工作的程序安排。

（1）调查计划的内容。

调查计划的内容主要有：第一，调查课题的说明（问题的提出）；第二，调查的目的性、必要性和可行性；第三，调查的理论假设；第四，调查项目；第五，调查对象及范围；第六，调查的方法；第七，调查地点与时间；第八，调查步骤及日程安排；第九，调查的资金安排；第十，调查的组织领导及工作分工。

（2）调查计划的要求。

调查计划的要求主要包括：第一，完整。每个项目都需要作出说明，即使有些内容是“无内容”的（如有些小型调查可能不需要资金，从而没有资金安排，也需要说明为什么不需要资金）。第二，详细。要将每个项目细化，进行多层次的划分，直到最低层次。第三，周密。对于每个项目都要考虑到实施中可能出现的各种困难，以及各种应对措施。第四，留有余地。为每个项目的实施留有时间上的余地，以保证能够按期完成。

在之后的实际调查中，要严格按照调查计划进行。调查计划中安排的调查一定要克服困难完成，调查计划中没有安排的调查，一般不应进行，除非在调查工作中发现不增加新的调查项目就无法完成总的调查，同时还要努力保证调查的度（可信程度）。对调查中可能出现的影响调查信度的问题或故障，要分析原因，预先拿出应对方案，将其影响限制在尽可能低的水平上。

3.4.4　调查资料的整理与研究

调查资料的整理主要是指对文字资料和数据资料的整理。它是根据调查研究的目的，运用科学的方法，对调查所获得的资料进行审查、检验、分类、汇总等初步加工，使之系统化和条理化，并以集中、简明的方式反映调查对象总体情况的过程。资料整理是资料研究的重要基础，是提高调查资料质量和使用价值的必要步骤，是保存资料的客观要求。资料整理的原则是真实性、合格性、准确性、完整性、系统性、统一性、简明性和新颖性。进行调查之后，就需要进行调查资料的整理，以便对资料进行研究。通过研究，从调查资料中得出结论，解决调查之前提出的问题。

1. 调查资料的整理

1）调查资料整理概述

（1）含义。社会调查所收集到的原始资料是分散的、不集中的；是零碎的、不系统的；是反映个体的，不是反映总体的。根据这样的资料，人们难以对总体进行分析，当然更无法对总体作出判断和结论。在社会调查时还会收集到一些历史资料或经别人加工过的综合资料，也称为次级资料。这些资料在分组方法、总体范围或指标含义、口径、计算方法等方面均有可能不符合社会调查目的和分析的要求。因此，必须首先对资料进行整理。

调查资料整理是根据社会调查的目的，对社会调查所得到的原始资料或次级资料进行科学的分类、分组、汇总和再加工的过程。资料整理为分析研究资料准备集中的、系统的、反映总体的资料。资料整理是社会调查必不可少的一个阶段。资料整理是对调查资料的全面检查，是进一步分析研究资料的基础，也是保存资料的客观要求。

（2）意义。调查资料整理是社会调查工作的继续，又是分析研究工作的开始，它在整个社会调查中起着承前启后的作用。资料整理在社会调查中的意义在于：其一，资料整理是对社会调查工作质量的全面检查和进一步深化；其二，资料整理是对调查资料进行科学分析的开始；其三，资料整理是深化调查、积累资料的需要。

（3）标准。调查资料整理是一项理论性和技术性要求都很高的工作。整理后的资料必须达到一定标准才能使用。这些标准是：合格、真实、可靠、准确完整、可比和系统。

2）调查资料整理的步骤和内容

社会调查收集到的资料一般可分为文字资料和数据资料。此外还可能会有一些实物资料和视听资料。调查资料的整理主要是指对文字资料和数字资料的整理。整理工作大体可分以下几步进行：第一，设计和编制资料的汇总方案；第二，对资料进行审核；第三，对资料进行科学分类或分组；第四，对分类或分组后的资料进行汇编或汇总；第五，资料整理结果的显示。

（1）文字资料的整理。社会调查中的定性资料是指文字资料。在社会调查研究中，定性资料基本上都是文字资料，因此一般也把文字资料整理称为定性资料整理。由于文字资料在来源上存在差异，所以其整理方法也略不同。定性资料的主要来源是访谈、观察的记录以及文字形式叙述的文献资料，一般包括各种文献调查的资料、历史资料、汇报材料、总结报告、访谈记录、观察记录、问卷答案等。这些资料是调查研究中定性分析的依据。整理文字资料的一般程序包括对文字资料的审核、分类和汇编三个步骤。

对于通过观察、访问的文献搜集得来的文字材料的整理，步骤如下：①对资料的真实性、可靠性进行检查、核对，如观察记录是否带有个人偏见、被访者是否如实反映情况、文献来源是否可靠。②从原始材料中摘取与研究目的有关的主要内容，对资料进行简化。这两步也称为"去伪存真、去粗取精"。③按主题、人物或时间对资料进行分类整理、简历资料档案。其作用一是便于查找；二是便于进行进一步的定性分析，如类型比较分析或时间序列分析。还可以将文字材料的内容转换为数据形式，进行定量化的内容分析。

（2）数据资料的整理。社会调查中的定量资料是指数据资料。在资料的整理阶段，为了便于得出正确的调查结论，需要对数据资料进行进一步的处理，其一般程序包括数字资料检验、分组、汇总和制作统计表或统计图几个阶段。检验主要是对数字资料的完整性和正确性进行检验，确保更加准确的研究成果。分组就是把调查的数据按照一定的标志划分为不同的组成部分。汇总就是根据调查研究目的把分组后的数据汇集到有关表格中，并进行计算和加工，集中、系统地反映调查对象总体的数量特征。数据的汇总可分为手工汇总和机械汇总。经过汇总的数字资料，一般要通过表格或图形表现出来，最常见的方式就是统计表和统计图。为保证调查研究的质量，在将整理过的资料实际用于分析研究之前，仍有必要对它们进行最后的检验。

数据资料的整理大体可分为以下几步：①对原始资料进行认真、细致的检查。从逻辑上检查资料的准确性和完整性；从内容上检查是否有遗漏、笔误或逻辑错误，若发现问题应及时采取必要的补救措施。②选择合适的分组标志，对原始资料科学地进行分类分组。这步工作很重要，分类分组不合理、不科学，将不能正确反映被研究现象的本质特征。标志可分为数量标志和属性标志。凡用数量界限将总体各部分区别开来的标志称为数量标志，如按年龄大小分为若干组。凡按属性类别不同，将总体各部分区别开来的标志称为属性标志，如按性别不同分为男、女两类。选择分组标志的原则是：从研究目的出发，从反映现象本质的需要出发。③统计汇总。把数据资料按一定的格式分门别类地汇集起来。汇总的方法主要有：手工汇总和计算机汇总。手工汇总可采用：a.划记法。按已确定的标志绘制汇总表，将同类型的标志值用点线符号记入表中再进行统计。b.卡片登录法。用特制的登录卡片进行分组汇总。这种方法的准确程度较高，但工作量较大。手工汇总一般要自己编制统计图表，统计图有圆形图、直方图、曲线图等多种形式；统计表可分为简单表、分组表和复合表。统计图表能以直观、清晰、简化的形式将汇总的数据资料表现出来。

计算机汇总的步骤是：编码、登录、输入和程序编制。编码的主要任务是用不同的数字符号标记调查内容的不同类别，编码可在调查前或调查后进行。登录是将编好码的调查资料过录到资料卡片或登录表上，以便输入计算机中储存起来，被输入的所有数据资料称为数据库。输入完成后只要编制(或调用)一定的统计程序给计算机发出指令，计算机就可以用统计表的格式输出所需要的汇总资料。

2. 调查资料的研究

对已经进行整理的资料进行研究，是调查研究中一个十分关键的步骤，是能否将社会调查报告材料转化为研究成果的关键所在。所谓社会调查报告材料研究，就是用科学的方法审查、剖析调查材料中包含的被研究对象的状况、特点、社会背景、基本结构、本质属性与成因、组成因素与相互关系，以及运动机制和结论的过程。对社会调查报告的调查材料进行分析研究，最基本的类型是定性分析和定量分析，应该用辩证的观点对待事物，对质和量两个方面进行综合考察。

1)社会调查报告材料的定性分析

社会调查报告材料的定性分析是据事论理，用思辨的方式，依靠个人经验判断和直观分析材料，确定社会现象或事物发展变化的性质和趋向，以划清事物性质界限的方法。定性分析的根本方法是哲学方法，即揭示事物发展的一般规律的方法。除此之外，还可采用系统方法、逻辑方法，常用的方法如下。

(1)矛盾分析法：运用唯物辩证法对立统一的原理，具体分析事物内部矛盾及其运动状况，从而认识客观事物的方法。其具体做法分为三个步骤：①从调查所得的大量材料中找到事物的矛盾，即找到问题。因为问题就是消除或缩小差距，差距就是矛盾。②对事物存在的矛盾进行分类，看它们是属于：历史遗留——现实产生；客观存在——主观思想；自然条件——人为造成；局部——全局；根本——枝节；眼前——长远的矛盾。③分析矛盾的对立面，考察矛盾的主要方面与次要方面互相依存、斗争、转化的条件，从而把握矛盾的特性。

(2)比较分析法：做社会调查报告常用的比较方法有横向比较和纵向比较。常用的分类方法为：先进行比较，弄清事物的异同，根据共同点将事物归集为一大类，然后再根据差异将大类划分为几个小类，以此类推，事物就被区分为具有一定从属关系的、不同层次的大小类别，明确地反映出客观事物之间的区别和联系。

（3）因素分析法：指从社会调查报告材料中找出对事物产生、发展、运动起作用的要素，通过系统分析和科学归纳，探寻到对事物变化起着关键作用的要素系列，掌握决定事物变化的原因，从而了解事物的本质及其运动规律的方法。

运用因素分析法，首先是进行总体分析：第一步是把蕴藏在现象之中的各个方面的基本因素清理出来，并在初步分析的基础上，将它们按一定的标准组成一个有机的、多层面的网络结构。第二步就是通过对这一网络的分析，从总体上考察研究对象，分析出现某一社会现象的综合原因。这就要求实事求是地把握诸因素的内部联系，把握其特征和转化规律，对事物的总体进行多维的、系统的，内因与外因，客观和微观相结合的辩证的分析。其次是进行关系分析。即对因素与因素之间的各种关系进行分析。再次是进行因素树分析。即以某一种关键性的因素系列为主要分析目标，予以系统地、多层次地剖析，按因素之间的联系绘出因素树图。这样逐层深入直至找出最基础的原始性要点，即具体行为表现。

定性分析除了以上方法，还有分析综合法、归纳演绎法、科学抽象法、社区研究法（是以分析社区人口集体与特定生活环境、社会条件之间的相互关系，探讨社区的社会构成、社会功能、价值观念、日常生活及发展变化的方法）、历史研究法等多种方法。

2）社会调查报告材料的定量分析

社会调查报告的定量分析是对社会现象或事物的规模、范围、程度、速度等方面数量关系的情况和变化，进行变量计算和考察分析，弄清其数量特征的方法。简言之，就是从事物数量方面入手进行分析研究。目前，在调查研究中进行定量分析已越来越普遍，使用定性、定量相结合的方法已成为大势所趋，也是调查研究走向完善的标志。定量分析的基础方法有以下几种。

（1）统计分析法：运用统计学的原理，对社会调查报告所得的数据资料进行综合处理，分析现象在一定时间、地点、条件下的数量关系，以揭示事物的性质、特点及其变化规律的方法。统计分析法包括描述分析和统计推论两个部分。①描述分析，是把收集到的数据整理加工，找出其中的规律以及现象之间的关系，并用统计量对这些资料进行描述。它主要包括：编制次数分布表，绘制次数分布曲线，测绘现象的集中趋势和离散趋势以及现象之间的相互关系等。②统计推论，则是指在随机抽样调查的基础上，根据样本资料对全体进行推论。它常用的方法有两种：区间估计和统计假设检验。

（2）社会测量法：社会调查报告的社会测量法即通过测量和评定某一社会群体或团体中社会关系或社会意向的一种方法。社会测量法分社会关系测量和社会意向测量两种具体方法。社会关系测量较为常用，是指将所研究的某一社会团体内部成员相互吸引或排斥的关系状态数量化，从而分析其人际关系的一种方法。运用此法可分为以下五个步骤。

第一，确定选择标准，有六种类型：①工作标准，以测量工作团体内部的关系；

②娱乐标准，以测量娱乐群体内部的关系；③社交标准，以测量社交群体内部的关系；④生活标准，以测量生活团体内部的关系；⑤学习标准，以测量学习团体内部的关系；⑥服从标准，以测量被领导与领导之间的关系。

第二，选择指示项。一个标准，可以拟出多个指示项。如服从标准可拟出：你以为本单位谁当领导最合适?谁威信最高？你最不服谁的领导？等等。

第三，制作测试答卷。给出选择标准；限定选择数目；交代测试目的、选择范围(团体之内)，说明对测量结果保密等。

第四，填答试卷。当面填写，当场收回。

第五，对试卷进行整理分析。

进行调查资料研究的目的是检验理论假设的正确性，因此，对调查资料进行研究的结果可能有以下几种：①通过社会调查证明了调查之前的理论假设；②通过社会调查证否了调查之前的理论假设；③通过社会调查既不能够证明也不能证否调查之前的理论假设；④通过社会调查在一定程度上证明了理论假设，但在一定程度上也证否了理论假设。

3.5　机械工程调查研究项目的实践方法

3.5.1　机械工程调查研究项目选题

选题是机械工程调查研究项目实践的第一阶段，包括确定项目类型，选择机械工程应用领域或具体工程技术或产品，确定研究目标、研究内容以及拟解决的关键问题。

认知型、分析研究型、创新型三种项目类型，既存在层次性关系，也存在包含性关系。在工程实际中，可能不少情况则是综合性的，例如，先需要认知发现问题、再针对问题进行分析研究、进一步开展创新型调查研究。机械工程专业学生可以分以下几种情况选择项目类型：①一年级完成一个认知型调查研究项目和一个分析研究型调查研究项目；②二年级或三年级结合产品创新设计，完成一个创新型调查研究项目，也可以完成一个综合性调查研究项目。

机械工程领域及其问题的选择是调查研究项目选题的关键，也是培养创新意识和创新思维的过程。在遵循人类及社会重大问题关联性、社会和经济价值性、可行性、渐进性等项目选题原则的基础上，充分发挥学生的想象力，通过文献检索或初步调查，课堂和项目团队开展头脑风暴，从而获得理想的项目选题。为了便于启发选题思路，表 3-1 给出了部分选题实例，表中实例可以细化为具体产品。

初步确定了项目研究选题以后，就需要明确项目具体任务——研究目标和研究内容。从本质上看，认知型项目是从技术、经济、社会、环境、资源、能源等视角了解一种工程现象，分析研究型项目则是针对工程现象的本质问题研究其形成的原因，而创新型项目则是在研究现象本质的基础上的再创新。根据以上思想，可以确定三种类型的机械工程调查研究项目的研究目标和研究内容，见表 3-2。

表 3-1　调查研究项目选题实例

领域主题	项目类型	项目选题实例
家政服务类 机电产品	认知型	家政服务类机电产品调查分析
	分析研究型	家政服务类机器人推广应用的影响因素调查研究
	创新型	家政服务类机器人的潜在需求及其应用创新调查研究
医疗护理类 机电产品	认知型	医疗护理类机电产品调查分析
	分析研究型	医疗护理类机电产品推广应用的影响因素调查研究
	创新型	医疗护理类机电产品的潜在需求及其应用创新调查研究
装配类 机电系统	认知型	装配类机电系统调查分析
	分析研究型	装配类机器人推广应用的影响因素调查研究
	创新型	装配类机器人的潜在需求及其应用创新调查研究
焊接设备	认知型	焊接设备调查分析
	分析研究型	焊接机器人推广应用的影响因素调查研究
	创新型	焊接机器人的潜在需求及其应用创新调查研究
铸造设备	认知型	铸造设备调查分析
	分析研究型	铸造机器人推广应用的影响因素调查研究
	创新型	铸造机器人的潜在需求及其应用创新调查研究
农业装备	认知型	农业装备调查分析
	分析研究型	农业机器人推广应用的影响因素调查研究
	创新型	农业机器人的潜在需求及其应用创新调查研究

表 3-2　三种项目类型的研究目标和研究内容

项目类型	实践(研究)目标	实践(研究)内容
认知型	1. 了解产品的功能及其对社会、经济、环境、资源、能源、人类健康等影响； 2. 理解社会需求是产品创新的源泉，产品应遵循可持续发展原则	1. 了解产品或系统的功能、原理、结构、材料、性能等信息； 2. 调查产品的客户群、客户需求及产品满意度； 3. 调查产品对社会、经济、文化、环境、资源、能源、人类健康等影响情况
分析研究型	1. 掌握基于问题的调查研究基本方法； 2. 了解机械工程产品推广应用以及对社会、经济、文化、环境、资源、能源、人类健康等问题的影响因素	1. 研究产品推广应用的影响因素； 2. 研究产品对社会、经济、文化、环境、资源、能源、人类健康等问题的影响因素
创新型	1. 掌握挖掘产品需求的基本方法； 2. 提出产品对社会、经济、文化、环境、资源、能源、人类健康等问题的解决方案	1. 研究产品的潜在需求、潜在客户群以及满足客户需求的策略； 2. 研究产品对社会、经济、文化、环境、资源、能源、人类健康等问题的技术因素和非技术因素创新策略

3.5.2　研究方案设计

项目研究方案一般包括实现研究目标、完成研究内容的研究方法、技术路线和研究计划。研究方法是指在研究中发现新现象、新事物，或提出新理论、新观点，揭示事物内在规律的工具和手段；技术路线是指达到研究目标准备采取的技术手段、具体步骤及解决关键性问题的方法等在内的研究途径，合理的技术路线可以保证顺利地实现既定目标；研究计划是指分阶段的研究目标和研究内容。

图 3-1 为三类机械工程调查研究实践项目的技术路线图，其中，认知型项目是另两类项目的基础，创新型项目可以充分利用认知型和分析研究项目的成果开展更具工程价值的创新型调查研究。机械工程专业学生也可以根据项目选题的主题，按照三类项目的技术路线，完成一个综合性的项目。

认知型机械工程调查研究项目实践一般包括以下步骤。

(1)产品实物分析。针对项目选题确定的产品对象，深入熟悉产品实物的功能、原理、结构、材料、性能等信息。

(2)文献检索。通过文献检索了解当前技术条件下该产品的功能、性能，以及对社会、经济、文化、环境、资源、能源、健康等方面产生的可能影响。

(3)确定调查内容和调查方法。根据文献检索和项目实践的条件，确定相应的调查内容和调查方法，一般采用观察法、访谈法、问卷调查法等方法。

(4)走访产品制造企业。了解企业的产品功能、性能、成本等开发策略，调查产品制造过程对社会、环境、资源、能源、健康等方面产生的可能影响。

(5)走访产品用户。通过访谈和调查问卷等形式，调查用户满意度，以及用户使用产品过程中对社会、文化、环境、资源、能源、健康等方面产生的可能影响。

(6)分析整理调查资料。采用定性和定量相结合的方法对调查资料进行分析，若发现一些调查计划中未充分考虑的问题，则应增加新的调查内容开展补充调查。重复步骤(2)及后续步骤。

(7)撰写调查报告。

分析研究型机械工程调查研究项目实践一般包括以下步骤。

(1)建立问题模型。针对项目选题确定的研究问题，通过文献检索，并利用认知型项目获得的产品调查成果，采用因素分析法等方法，建立问题模型。

(2)确定调查内容和调查方法。根据问题模型和项目实践的条件，确定相应的调查内容和调查方法，一般采用访谈法、问卷调查法等方法。

(3)走访产品用户。通过访谈和调查问卷等形式，调查研究问题的产品用户相关因素。

(4)走访产品制造企业。通过访谈等形式，调查研究问题的产品制造企业相关因素。

(5)走访产品潜在用户。通过访谈和问卷调查等形式，调查研究问题的潜在产品用户相关因素。

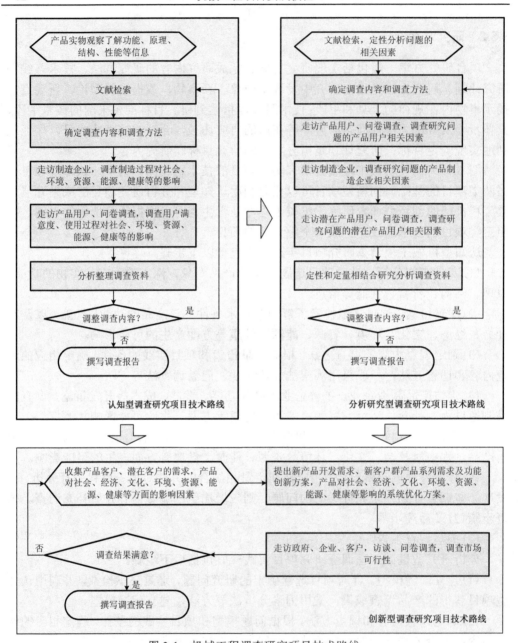

图 3-1　机械工程调查研究项目技术路线

(6)分析整理调查资料。采用定性和定量相结合的方法对调查资料进行分析，若发现一些调查计划中未充分考虑的问题，则应增加新的调查内容开展补充调查。重复步骤(2)及后续步骤。

(7)撰写调查报告。

创新型机械工程调查研究项目实践一般包括以下步骤。

(1)研究收集产品客户、潜在客户的需求,以及产品对社会、经济、文化、环境、资源、能源、健康等方面的影响因素。

(2)提出新产品开发需求、新客户群产品系列需求及功能创新方案,考虑产品对社会、经济、文化、环境、资源、能源、健康等影响的系统优化方案。

(3)走访政府、企业、客户,通过访谈和问卷调查等方法,调查市场可行性。若调查结果满意,则表明产品研发策略和解决问题的创新方案可行,否则,则重复步骤(1)及后续步骤。

(4)撰写调查报告。

3.6　机械工程调查研究项目实践案例

老年人助行器产品需求调查研究[14]

按照联合国教科文组织的划分标准,一个国家 65 岁以上的人口占其总人口的比例达到 7%以上,或 60 岁以上的人口占总人口的比例达到 10%以上,便称为"人口老化国家"或者称"老龄化"社会。数据表明:中国已于 20 世纪的最后一年 1999 年——"国际老年人年",加入老年型国家的行列,此后老龄人口占全国总人口的比例逐渐攀升,老龄化速度已快于其他国家。2010 年 11 月 1 日进行了第六次全国人口普查,统计得 60 岁及以上人口占 13.26%,其中 65 岁及以上人口占 8.87%,同 2000 年第五次全国人口普查相比,60 岁及以上人口的比例上升 2.93 个百分点,65 岁及以上人口的比重上升 1.91 个百分点。

从老年医学角度讲,衰老是指人体随着年龄的增长,形态结构和生理功能出现的一系列退行性变化。研究表明,老年人的摔倒中约 53%是由行走或站立的不稳定所造成的;摔倒是造成 75 岁以上老年人突发性死亡的首要原因,而约 1/3 以上的 65 岁以上老年人,每年至少摔倒 1 次。因此,老年人生活中存在极多不便之处,生活质量得不到保证,身心健康更没有保障。助行器是一种通过机构的支撑,让腿脚不方便的老人患者等腿脚不灵活甚至失去行走能力的人能够自理,能够和正常人一样进行外出行走、散步、购物等活动的机械产品。根据结构、功能和动力源等可将其分为三大类:无动力式助行器(无人体外部力源,使用者利用自身体能操作),功能性电刺激助行器(通过电刺激使下肢功能丧失或部分丧失的截瘫患者站立行走),动力式助行器(人体外部动力驱动的助行器)。其中,无动力助行器使用比较普遍,总体上以拐杖和助行架为主。图 3-2(a)为带有折叠椅子的拐杖,方便老年人行走过程中休息;图 3-2(b)为普通助行架,图 3-2(c)则为带有座椅、储物箱等部件的助行架。这些产品功能使用简单,价格低廉。由于老年人身高、体重、运动功能衰减程度等方面存在显著的差异性,目前,国内老年人助行器产品与舒适性、有助康复等要求还有较大差距。

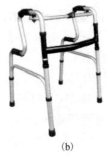

(a)　　　　　　　　　　(b)　　　　　　　　　　(c)

图 3-2　拐杖和助行架

基于如此庞大的老年群体，国内外各界均对老年产业给予了极大的关注，同时也推动了老年人相关课题研究的发展。近年来，欧美及日本等一些经济较发达国家对助行器的研究开发达到了相当高的水平。如日本本田公司应用行走机器人技术开发了具有护理和预防功能的助行器，见图 3-3；机械外骨骼系统是一种人体可穿戴、辅助或增强人体运动能力的智能机械系统，已经在军队、康复治疗、辅助残疾人和老年人行走等领域应用，以色列医疗技术公司 Argo 创始人、阿米特·高弗尔发明的机械外骨骼 ReWalk，帮助下身瘫痪者实现行走，见图 3-4。这些产品表明，柔性化和智能化将是助行器的主要发展趋势。各国都在追求研究出进一步为老年人服务的便利产品，而在我国，针对老年人的行走辅助器械的开发与研究还比较欠缺，不能满足市场的需求，因此，结合我国老龄化逐步增长的趋势，研究与开发老年人能接受的高性价比的行走辅助器械，满足老年人的生理与心理需求，降低伤害是势在必行的课题。为此，文献[14]的作者邱若琳、张秋菊、邱玉宇等在国家大学生创新性实验计划项目的支持下开展了老年人助步需求调查研究，为新型老年人助行器设计开发提供了参考信息。下面根据文献[14]给出该项目调查研究的目的、调查对象、调查方法、结果分析及讨论。

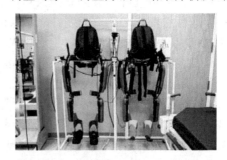

图 3-3　本田公司第二代助行器　　　　　　　图 3-4　机械外骨骼 ReWalk

3.6.1　调查目的与对象

1. 调查目的

基于老年人相关生理和心理特征，以市场上现有的助行产品为主要研究对象，将目标人群限定为患有轻、中度运动障碍的老年人，探究我国老年人助行器需求特点以改进现有助行产品。

2. 调查对象

共调查 76 名超过 65 岁的已退休老年人，上肢肌力皆处在该年龄段正常水平，存在轻或中度障碍期和运动机能障碍问题，且全部都使用某种助行器，其中 65~70 岁 4 人，70~75 岁 24 人，75~80 岁 8 人，80~85 岁 20 人，85~90 岁 12 人，90~95 岁 8 人，其中在无锡某养老院取 11 名，在无锡某小区内取 65 名，得到完整数据 76 人，见表 3-3。

表 3-3　受试者总体情况（$\bar{x} \pm s$）

性别	人数	年龄/岁	身高/cm	体重/kg	手长/cm	胳膊长/cm	鞋码/码	坐高/cm
男	28	75.85±6.34	170.14±4.93	66.64±5.37	18.93±1.22	70.29±5.41	41.43±1.47	85.71±3.94
女	48	81.17±9.97	151.25±14.66	55.00±12.59	17.29±2.17	65.25±8.09	36.58±1.97	77.73±8.00

3.6.2　调查方法

(1) 观察测量法。进入被调查老年人的生活范围，借着观察、交谈以及参与老年人的日常生活，亲身体验助行器在他们生活中的使用状况，从而更详细、更全面地了解使用者的需求。调查以老年人行走步态为主要观察项目进行了统计测量，其统计数据见表 3-4。

(2) 访问调查法。访问生产厂家、产品销售商和使用人群来收集数据，包括产品的生产工艺、流程以及市场。

表 3-4　步态情况统计

步态	使用助行器					无助行器				
起步	快		慢			快		慢		
	78.94%		21.06%			46.05%		53.95%		
躯体	正常	非常轻微弯曲	轻度弯曲	中度弯曲	重度弯曲	正常	非常轻微弯曲	轻度弯曲	中度弯曲	重度弯曲
	21.05%	26.32%	42.10%	7.90%	2.63%	15.79%	25.00%	46.05%	10.52%	2.64%
稳定性	稳定		不稳定			稳定		不稳定		
	100%		0.00%			92.10%		7.90%		
步对称性	对称		不对称			对称		不对称		
	57.89%		42.11%			39.47%		60.53%		
步连续性	连续		不连续			连续		不连续		
	94.74%		5.26%			52.63%		47.37%		
路线偏离	正常	非常轻微偏离	轻微偏离	中度偏离	重度偏离	正常	非常轻微偏离	轻度偏离	中度偏离	重度偏离
	70.18%	21.05%	7.02%	1.75%	0.00%	27.63%	32.89%	21.05%	11.84%	6.59%

续表

步态	使用助行器					无助行器				
步行姿态	正常	非常轻微异常	轻度异常	中度异常	重度异常	正常	非常轻微异常	轻度异常	中度异常	重度异常
	47.37%	42.11%	5.26%	5.26%	0.00%	14.47%	55.26%	23.68%	6.59%	0.00%
行走转身	顺利	艰难但独立完成		艰难且需借助外物		顺利	艰难但独立完成		艰难且需借助外物	
	89.48%	5.26%		5.26%		5.26%	15.79%		78.95%	

(3)访谈法。通过深入的访谈发现老年人在使用助行器过程中的情感、心理方面的感受。

(4)量表法。"起立-行走"计时测试。"起立-行走"计时测试是一种快速定量评定功能性步行能力的方法,测试数据记录在表 3-5 中,并对前后有无使用助行器参数进行了统计分析,其分析结果亦被记录见表 3-5。

表 3-5　"座椅站立"与"起立-行走"计时测试结果表

项目		性　　别	
		男	女
座椅站立/s	无	24.5±14.84	17.98±10.00
	助行器	19.83±10.65	16.25±6.35
P		0.01*	0.04*
起立-行走/s	无	19.00±8.62	18.00±10.37
	助行器	10.80±3.13	14.44±3.15
P		0.01*	0.02*

注:$P < 0.05$ 表示具有显著性差异

(5)实验法。"座椅站立"实验。"座椅站立"实验是一种很简便的实验方法,测试的数据可靠,分析方便。其所得到的测试数据平均后作为这 1 次的测试结果,同时对有无使用助行器参数进行了统计分析,所得数据与"起立-行走"数据共同记录,见表 3-5。

3.6.3　结果分析

(1)老年人疾病史和跌倒史。除以上表格数据,调查同时对老年人疾病史(高血压、风湿病等)、用药史和跌倒史进行深入采访,包括疾病年限、疾病用药、药物副作用、跌倒次数、跌倒地点、跌倒时间、跌倒后起来情况。在调查过程中发现随着年龄的增加,老年人会有运动功能的障碍,如肌力的下降、关节活动度的减小,尤其是平衡和步态的损害会直接影响到老年人的活动能力,从而造成跌倒的危险。在调查中,高血压引起的头晕现象是引起老年人摔倒的一大主因。同时,据统计有

15%～20%的社区老年人有平衡和步态的障碍，每年有 1/3 的 75 岁或以上的社区老人跌倒，其中 1/2 的患者有多次跌倒。有 56%的社区生活独立的老年人在室外活动时发生跌倒，如在花园、街道或商店等地；而在室内，老年人的跌倒主要发生在经常活动的房间，如浴室、厨房等，仅有大约 20%的 75 岁或以上的老人需要别人的帮助或指导甚至使用助行器。

从表 3-4 数据中不难看出，患有运动障碍的老年人在使用助行器后其起步速度快、躯体正常、步态稳定性好、步态对称、步态连续性好、路线无偏移情况、步行姿态正常、行走转身情况顺利所占百分比相较于使用助行器前高出许多，其中步态连续性、路线无偏移、行走转身顺利情况提升较多，分别为 42.11%、42.55%和83.85%，从另一个侧面可以看出，老年人跌倒的风险降低了。

(2)老年人心理健康。在访谈过程中，老年人由于社会地位降低、各种疾病缠身，导致失落感、孤独感、疑虑感、抑郁感和恐惧感等消极悲观的负性情绪逐渐成为主导情绪，这往往不利于老年人身心健康，可见人格特征对老年人心理健康有着重要的影响。在所调查采访的 76 名老年人当中，超过 1/2 的老年人不服老，认为生活仍有乐趣，同时存在十分好强的自尊心。但有少数老年人无法接受自己衰老的事实，加上子女对自己的不重视与养老院里机械化的照顾生活，感到意志消沉，孤独感强烈。特别是对于高龄老人，身体机能不断衰退，自我照顾能力普遍较差，来自社会层面的支持薄弱，子女的照顾和陪伴直接影响其心理孤独感的强弱。身体状况也直接或间接地影响了老年人的心理。

(3)老年人助行器的使用。从表 3-5 可知，座椅站立老年男性用时大于女性，说明在平衡能力这一块的衰弱程度明显大于老年女性。在使用助行器后，男性平衡情况明显有所改善，女性用时也稍有减少，分别比没有使用时少了 4.67s 和 1.73s，说明在助行器的帮助下，老年人的平衡能力得到了明显改善。在"起立-行走"的测试中，男性老年人在没有使用助行器之前用时为(19.00±8.62)s，使用助行器之后为(10.80±3.13)s，平均减少了 8.2s，而女性在未使用助行器的测试情况下用时为(18.00±10.37)s，在使用助行器之后用时为(14.44±3.15)s，平均减少了 3.56s。两个实验都可以看出老年人在使用助行器之后座椅站立和起立行走 3m 的用时明显改善。

3.6.4　讨论

平衡感觉功能是 20～50 岁最稳定，随后逐渐减退，至 70 岁以后降低明显。步态反映人动态过程中维持身体姿势的能力，即动态平衡能力。正常的步态有五大特性：稳定性、周期性、方向性、协调性和个体差异性。随年龄增大，下肢各关节活动能力总体上减弱，造成行走速度缓慢、步长减小的步态特征，甚至造成步态不稳定，如跛脚等，严重影响了老年人的动态平衡能力。平衡能力测试是老年人体质检测指标中的一个身体素质指标，平衡能力是人体的一项重要生理机能，平衡能力在人类生活中有非常重要的意义，老年人平衡能力下降，直接影响老年人独立生活能力，严重的后果还引起老年人摔倒。助行器在稳定老年人躯体的同时，还纠正了路线严重偏移和步行姿态重度异常，在表 3-4 测试该两项所占百分比为 0.00%，证明加大宣传助行器的推广和使用的力度，对大幅度减少独立生活且患有不同程度运动障碍的老年人的跌倒情况、步行姿态和路线稳定将会起到不可估量的效果，而起立-行走实验说明助行器为老年人在起身站立和行走的过程中提供了帮助，不仅使得起步时间减短，更能加快步行速度，有利于单人活动。

另一方面，现在市场上销量最好的依然是简陋的单拐，原因之一就是此类助行器价格低廉；二是其体积小、质量轻，方便携带，仍旧成为广大运动障碍老年人的首选。单拐的制作工艺简单，原材料花费小，加之老年人对新型助行器没有具体的概念，只是知道其功能较全同时价格昂贵，因此都会偏爱单脚拐。

在心理方面，开朗、善交际、健谈、性情平和者对于使用助行器帮助行走生活表现得毫不介意，而相反，存在忧郁、焦虑、敏感、刻板、不善交际、多变不安性格和自尊心较强的老年人对于使用助行器则存在着抗拒心理，他们宁可选择毫无支撑徒手出门也不愿意带着体积庞大的助行器出门活动。小结：①年龄的增长以及性别的差异等因素，都对平衡能力和步态有不同程度的影响，而助行器为老年人接触周围环境和外界事物创造了条件，是老龄阶段患有轻中度运动障碍自主、自立、自理生活必备的工具，可以用于解决生活中的障碍和机能退化问题。然而，庞大的用户或潜在用户群体数量与市场上仅有的少量老年人用品形成极大的反差，期望在助行器的改进过程中注重结合老年人生理和心理的双方面影响，符合整体护理概念；②大部分的老人都使用单一简陋的助行器超过五年。虽然助行器对于存在运动功能障碍的老年人有很大的帮助作用，但其功能并不完善，因此在无障碍产品设计的道路上还有很长的路要走。同时价格要更能被普通老年人所接受，而不是让新型的助行器成为一种奢侈品；③很多老年人被子女寄养在养老院中，许多老年人都出现了或多或少的孤独与自卑感，而唯一的陪伴者是他们的助行器，使得当代社会的子女养老情况成为很大的社会问题。全社会应给予社会上的老年人多一点的关心与爱护，特别是关注空巢老人的心理孤独问题。

第4章 机械产品设计项目实践

4.1 引　　言

当今世界科技日新月异，全球化的竞争环境迫使产品更新换代日益加快，创新已经成为机械产品制造企业的核心竞争力。

机械产品是满足某种生产或生活需求，实现能量、物质、信息转换的机械/机构本体为主的成品或附件，一般包括能源装置、传动机构、执行机构和控制装置四个部分。任何机械产品都可以看成由若干部件组成，部件又可分为不同层次的子部件，直至最基本的加工制造单元零件，即任何机械产品均由若干零件组成。

设计是人类一个有目的的行为，设计的基本目标为有使用价值的人造物。机械产品设计是从需求出发寻求设计出产品解的过程，显然，设计活动是一个创新过程。机械产品的设计研发工作是企业创新工作的一个重要组成部分，无论是新产品的制造，还是新技术的实施，都要有新的机械产品/设备的支持或作为其载体。

设计机械产品是机械工程专业学生职业生涯的主要职责，如何培养具有创新意识的机械产品设计能力？开放性的机械产品设计项目实践是必由之路。

机械产品设计项目实践是机械工程专业学生通过社会调查等途径获得产品设计需求信息，自主提出产品设计项目选题，运用各种设计方法，综合考虑产品对社会的贡献及其对环境、资源、能源、健康等影响，设计具有一定功能和性能的产品，并完成产品的样机制作。

机械产品设计项目实践的目标如下。

(1)综合考虑产品对社会的贡献及其对环境、资源、能源、健康等影响，掌握挖掘产品需求的能力；

(2)培养产品创新设计意识和思维能力，掌握产品创新设计的基本方法；

(3)综合考虑产品制造和使用要求，掌握产品设计的基本方法。

4.2　机械产品设计项目实践的过程

机械工程专业学生可以开展多样化的设计项目实践。机械产品设计项目按照项目来源、实践基地和实践能力发展阶段分别进行分类。按照项目来源，可以分为企业产品设计项目和自主产品设计项目，一般来说，企业产品设计项目根据企业的需求开展设计，已经具有明确的市场和客户，整个设计过程具有明确的工程应用指向；自主产品设计项目则是可以根据自己的兴趣开展充分的市场需求调查和挖掘，设计过程相对更具创新空间，也存在一定的市场推广风险。

机械产品设计项目按照实践基地，可以分为企业实践产品设计项目和学校实践产品设计项目。教育部推出的"卓越工程师教育培养计划"要求学生在企业的学习时间累计不少于一年，为学生创造了在企业参加产品设计实践的良好机会。企业实践产品设计项目一般是参加企业的产品研发团队开展的产品设计项目或在企业工程师的指导下完成一些相对简单的设计任务；学校实践产品设计项目则是在学校老师或学校聘请的企业工程的双导师指导下，利用学校的实践条件，开展自主产品设计项目实践。

机械工程专业学生培养设计能力是一个循序渐进的过程，关键在于实践，"实践过程"重于"实践成果"。从实践能力发展阶段的不同，机械产品设计项目可以分为简单产品设计项目和复杂产品设计项目，简单产品设计项目一般完成实现相对简单功能的产品，可以在本科二年级开展实践；复杂产品设计项目一般指完成功能、结构、原理相对复杂的产品，可以安排在本科高年级开展实践。

产品设计的目标是找到满足需求的最佳设计解，其求解过程本质上是解决问题的过程。一个问题一般包括三个要素：①不满意的初始状态；②期望的目标状态；③实现目标的障碍。因此，解决问题就是克服障碍从不满意的初始状态向期望的目标状态转化的过程。在产品设计问题中，设计需求就是期望的目标状态，设计过程就是寻找满足期望目标状态的最佳设计解的过程。为了更好地理解产品设计过程，先了解一下解决问题的一般过程。解决问题的一般过程包括发现问题、收集信息、定义问题、创建方案、评估和决策，如图 4-1 所示[15]。

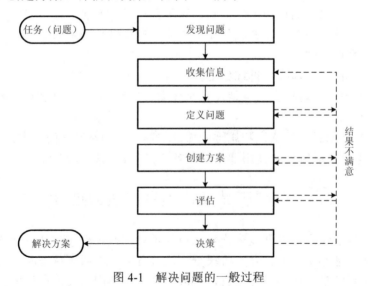

图 4-1　解决问题的一般过程

(1)发现问题。了解问题的初始状态，初步明确期望的目标。

(2)收集信息。收集任务的约束、可能的解决方法、类似问题的解决方法，对于明确真实的需求是很有必要，也有利于减少问题的未知量、提高解决问题的信心。

(3)定义问题。从抽象层、更为一般性地定义问题的目标和主要约束，从而为搜索更多具有创新性的解决方案构建思维空间。

(4)创建方案。通过各种不同方法、原理和手段创建若干个解决方案。

(5)评估。依据一定的评价标准对若干解决方案进行评估。

(6)决策。根据评估结果进行决策确定较佳的解决方案。

显然，一个问题的解决方案不仅不是唯一，而且应该是好中选优的决策结果。因此，解决问题的过程实际上是反复迭代的过程，如 4-1 图所示，在整个过程中任何步骤的结果不满意应返回上一步骤，直到获得满意结果。迭代过程反复次数的多少除了与问题本身有关，也与解决问题者的知识、能力和经验紧密相关。

产品设计一般包括需求分析、概念设计、详细设计和样机制作等过程，其中概念设计和详细设计就是按照解决问题的一般过程获得满意的设计方案。根据机械产品设计项目实践的目标，其实践过程可以分为机械产品设计项目选题、机械产品需求设计、机械产品概念设计、机械产品详细设计、机械产品样机制作等五个阶段，如图 4-2 所示。

(1)机械产品设计项目选题。通过文献检索和市场调查，根据设计项目实践类型选择机械产品的领域主题，确定项目设计对象，开展项目可行性分析，拟定产品设计目标，提出项目计划，撰写机械产品设计项目选题报告，通过评审，则进入下一个阶段，否则重新进行选题及可行性分析。

(2)机械产品需求设计。根据选题报告确定的产品设计目标，通过进一步的市场调查，确定该产品的技术、经济、环境、社会等方面的需求信息。需求是产品设计的依据，需求设计应尽可能做到准确、细致。

(3)机械产品概念设计。产品概念设计阶段是整个设计过程中最具创新性的，它决定了整个生命周期性能的 80%，可见概念设计在产品设计中的地位和重要性。在产品概念设计阶段，明确产品需求中的关键问题，建立功能模型，搜索功能的原理解，评估、确定原理方案。撰写《机械产品概念设计方案报告》，通过评审，则进入下一个阶段，否则修改概念设计方案。

(4)机械产品详细设计。在概念设计原理方案的基础上，通过运动学和动力学分析，进行产品的空间布局设计和零部件设计。完成设计计算，建立三维模型，生成二维工程图，建立详细材料清单。撰写《机械产品详细设计方案报告》，通过评审，则进入下一个阶段，否则修改详细设计方案。

(5)机械产品样机制作。样机是产品的第一个实物模型，不仅可以验证设计方案的可行性，而且也为测试市场反应提供载体。作为机械工程专业学生设计项目实践的重要环节，应遵循经济性首要原则。第 6 章将介绍机械产品样机制作的方法。

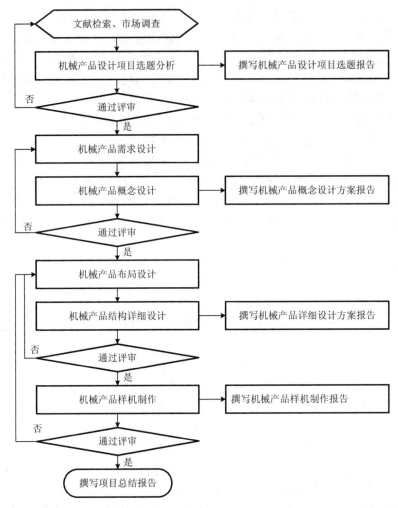

图 4-2　机械产品设计项目实践流程图

4.3　机械产品设计项目选题

　　机械工业是其他工业领域的基础，涉及领域多、范围广。机械工程专业学生在遵循人类及社会重大问题关联性、社会和经济价值性、开放性、可行性、渐进性等项目选题原则的基础上，着重考虑以下原则。

　　(1)自主性。机械产品设计项目选题应坚持在老师引导下由学生自主完成的原则，充分发挥学生的想象力，通过文献检索或初步调查，课堂和项目团队开展头脑风暴，从而获得理想的项目选题。

　　(2)创新性。机械产品设计项目课题应从社会、经济、文化、环境、资源、能源、健康等方面综合分析，通过挖掘社会需求创新产品和针对现有产品发现问题再创新等多种途径，提出创新性产品设计项目课题。选题过程是培养创新意识和创新思维的关键环节，切忌依样画葫芦现象。

(3)全面性。产品设计是一个高度综合和系统集成的过程，机械工程学生应在构思、设计、制造和使用等过程中全面体验产品创新设计，逐步培养创新思维、批判性思维、系统思维、工程思想等工程设计能力。因此，机械产品设计项目选题中应根据项目团队的实践能力发展现状和条件，充分考虑能够完成构思、设计、样机制造和使用等环节的可行性，这些环节可以在学校或企业完成，但切忌纸上谈兵。

机械产品设计项目选题一般包括以下步骤。

(1)确定机械产品设计项目的领域主题。机械产品一般可以分为生活类民用产品和生产类商用产品，通过文献检索和初步的社会调查，根据实践项目类型选择相应的领域主题。一般学校学习阶段选择生活类产品为主，企业学习或实践阶段则根据企业的需求和条件选择其相应制造领域的生活类或生产类产品；

(2)确定产品及可行性分析。根据确定的项目领域主题，通过实践条件等综合分析确定项目设计的产品对象。按照第 3 章给出的调查分析方法，进行深入的社会调查和文献检索，分析产品的国内外市场动态、发展趋势和市场前景，提出产品的设计目标、设计内容、团队组织及设计计划。

(3)撰写项目选题报告。一般包括：①产品的应用现状；②产品的国内外市场动态；③产品的发展趋势和市场前景；④产品的设计目标及设计内容；⑤产品设计计划。

(4)项目选题评审。建议由学校指导教师和企业工程师共同组建评审小组，根据项目选题原则，对项目团队提交的《机械产品设计项目选题报告》进行评审。若不能满足要求，则应重新选题。

项目选题既是创新的起点，也是难点。为了启发选题灵感，下面给出机械臂设计、助老智能产品设计两个可选主题。

主题之一：工业机械臂设计

工业机械臂(也称工业机器人)是指能够根据给定程序、示教或现场指令，在三维(或二维)空间上实现一定的运动轨迹，完成各种制造作业的自动操作装置。随着信息技术与先进制造技术的高速发展，未来 10～20 年工业机械臂将迎来重要的发展机遇。图 4-3 为工业机械臂在焊接、切割、喷涂及码垛等方面的应用。

由于应用场合的不同，对机械臂的需求存在功能由简单到复杂、性能由低到高的差异性，其结构的自由度相应地也不同。因此，机械工程学生应在参观考察各类制造企业的基础上，根据企业实际需求，针对不同复杂程度的工程应用问题，设计开发专用机械臂，开展设计项目实践，4.7 节给出了焊接机械臂的设计案例。具体参考选题项目如下。

(a)焊接机械臂

(b)切割机械臂

(c)喷涂机械臂

(d)码垛机械臂

图 4-3 工业机械臂的各种应用

(1)机械加工专用送料机械臂设计；

(2)冲床专用送料机械臂设计；

(3)规则零部件焊接机械臂设计；

(4)喷涂或涂胶机械臂设计；

(5)装配生产线专用机械臂设计；

(6)车间物流搬运机械臂设计。

主题之二：助老智能产品设计

据统计我国 60 岁以上老年人口已超过 1.3 亿，到 21 世纪中叶，中国老年人口将超过 4 亿，占全国总人口的 1/4 左右。老年人因生理和心理机能的衰退，在日常生活中会遇到很多障碍，增加了生活的难度。有的不得不借助于轮椅、助听器等辅助器材，才能完成日常生活中的基本行为，生活范围受到限制[16]。有的长期卧病在床，需要护工或亲人照顾。

近年来，国内外针对老年人起居生活开发了不少产品或概念样机，图 4-4 为某公司开发的自动喂饭机。美国匹兹堡大学开发了拥有两个机械手臂的 PerMMA(个人移动性和操纵设备)，如图 4-5 所示，用户可以根据自己的活动能力，通过触摸面板、麦克风或操纵杆来控制 PerMMA，从而轻松地处理日常事务，如烹饪、穿衣和购物等。日本理化研究所开发了互动式人体辅助机器人(图 4-6)，帮助体弱病虚的人自己行走、坐下或站立，为了给被护理的人一个更加舒适松软的怀抱，有着金属骨骼的 RIBA 特意"穿"上了一层聚氨酯泡沫做的皮肤。美国英特尔实验室和卡内基—梅隆大学开发了如图 4-7 所示的可以帮助处理家务的机器人，其可以递送食物、饮料，整理衣物等[17]。

图 4-4　自动喂饭机

图 4-5　拥有双机械臂的轮椅

图 4-6　互动式人体辅助机器人

图 4-7　机器人管家

　　目前，辅助老年人生活起居的机械产品仍然比较缺乏，图 4-4～图 4-7 所示的产品或概念样机的自动化、智能化程度较高，相应地可能价格昂贵，难以普及到一般家庭为老年人服务。但这些产品可以给我们一些很好的启示，在深入调查研究老年人生活起居的基础上，以普通老年人群体需求为设计目标，充分考虑成本和实用性原则，自主提出设计项目，开展机械产品设计项目实践。具体参考选题项目如下。

　　(1)老年人助行器设计；

　　(2)居家老人自主上下床辅助工具设计；

　　(3)居家老人智能取物辅助工具设计；

　　(4)居家卧床老人智能喂食机设计；

　　(5)居家卧床老人按摩翻身多功能床设计；

　　(6)老年人智能辅助洗浴装置设计。

4.4　机械产品需求分析的任务和步骤

在经济学中，需求是在一定的时期，在既定的价格水平下，消费者愿意并且能够购买的商品数量。具体地说，需求是指人们在欲望驱动下的一种有条件的、可行的，又是最优的选择，这种选择使欲望达到有限的最大满足，即人们总是选择能负担的最佳物品。可见，设计出能够让更多消费者购买的产品则是工程师的重要职责。显然，市场消费者所认可的最佳物品蕴含功能、性能、价格等系列属性，一般采用产品需求描述消费者可能认可的产品属性。因此，产品需求是设计实现的目标和必须满足的约束，需求分析既是设计的起点，也是决定产品是否具有创新性、能否真正满足市场需求、实现经济和社会价值的关键。

4.4.1　机械产品需求分析的内容[15]

在企业设计环境中，产品需求信息一般来源于以下途径。

(1)明确的订单。一般是特定客户对某种产品或系统的功能、性能、材料、制造、价格等具有明确的要求，设计部门一般可以从订单中获得明确的需求信息，但一般仍需要确认或交流获得完整的产品需求信息。

(2)开发任务书。可能是企业外部客户的产品开发订单或企业内部产品规划部门提出开发任务书。在这种情况下，产品需求信息仅有部分是明确的，还需要和客户交流或进一步进行市场调查获得其他信息。

(3)开发意向。可能是企业领导、管理部门或经销商等提出的产品概念或仅是产品开发的一种想法，需要工程师对产品需求进行深入调查分析才能获得。

由此可见，企业工程师在开发产品过程中一般需要通过与客户深入交流和细致的市场调查才能获得准确、完整的产品需求信息，否则，设计制造的产品可能不能满足订单的要求成为废品，或不能满足市场需求获得经济效益。

机械工程专业学生在学校设计环境中开展产品设计项目实践，同样需要以市场需求为设计目标，以创意为起点，系统分析市场需求。在设计实践中往往容易把产品的功能误当成产品需求的全部，从而造成设计的产品离实际应用距离很大，其设计结果只能称为"模型"，而不是真正满足用户需求的产品。那么，产品需求分析应该包含哪些内容呢？

产品需求信息应包括产品生命周期相关的技术和经济属性，必须是尽可能全面、完整、细致、定量。机械产品需求分析的内容一般包括几何形态、运动学、力学、能量、材料、信号、安全、人机工程学、制造、质量控制、装配、运输、操作、维护、回收、成本、进度等，如表4-1所示。

为准确、清晰地定义产品需求信息，一般建立如下格式的产品需求列表，如表4-2所示，其主要内容如下。

表 4-1　机械产品需求类别

需求类别	举　　　例
几何形态	大小、高度、宽度、长度、直径、空间需求、数量、布局、连接、延伸等
运动学	运动类型、运动的方向、速度、加速度等
力学	受力方向、力的大小、频率、质量、载荷、变形、刚度、弹性、惯性、共振等
能量	输出、效率、损耗、摩擦、通风、状态、压力、温度、加热、冷却、供应、储存、容量、转换等
物质	物质的流动和输送、原料和产品的物理和化学属性、辅助物质等
信号	输入和输出信号、形式、处理、控制装置等
安全	直接安全系统、操作和环境安全等
人机工程学	人-机关系、操作的类型、操作高度、明确的布局、坐姿舒适性、照明、形态兼容性等
制造	制造厂限制、最大可能尺寸、要求的制造方法，制造手段，可行的质量和公差、废物等
质量控制	可行的检测和检验方法，特定的规则和标准的应用等
装配	特定规则、安装、放置、基础等
运输	提升工具的限制，清洁，运输工具的限高限宽要求，运输过程的要求等
操作	安静、磨损、特定使用、市场区域、用户使用环境(气候、空气特征等)等
维护	服务期限、检测、修理、油漆、清洗等
回收	再利用、再处理、废物处理、储藏等
成本	最大允许制造成本、使用成本、工具成本、投资与折旧等
进度	开发结束日期、项目计划和控制、交付日期等

(1)客户名称；

(2)项目或产品名称；

(3)需求性质，要求(D)或希望(W)；

(4)需求内容，需求属性及定量或定性数据；

(5)负责人；

(6)确认日期；

(7)更改日期；

(8)页码。

表 4-2　产品需求列表格式模板

客户名称		项目或产品名称		确认日期：		第　　页共　　页
变更	DW	需求				负责人
		需求内容(属性，定量或定性数据等)				

4.4.2　机械产品需求分析的步骤[15]

　　任何需要通过设计或重新设计的产品在其诞生之前，客户往往难以完整描述需求信息。部分需求信息可能是现有产品或同类产品所具有的优点和缺陷改进特性，而更为重要的需求信息客观存在于客户中，可能目前被访问的客户暂时未意识到。可见，如何深入挖掘客户需求显得非常重要。

企业设计环境下，按订单制造模式一般会在订单中给出基本需求清单，包括产品属性和性能数据，以及制造工艺和流程要求。尽管如此，订单客户仍然可能存在一些没有给出明确要求的需求信息，而这些信息可能直接影响客户的满意度甚至可能造成失败的产品设计、制造。相对而言，在其他类型的企业设计项目和学校设计项目实践中，其设计需求识别中可能更需要处理大量的隐性需求，往往需要和客户多次交流才能得出较为清晰的描述，而实际上这些隐性信息的挖掘是否充分，决定了产品设计的创新性和区别于其他产品的市场竞争力。

在产品需求分析开始阶段，往往只有部分信息是明确的，大量信息是不明确的，而且是粗糙的、抽象的或是概念性的信息，显然，设计所需要的信息应尽可能得到细化和定量化。因此，产品需求分析过程本质上是细化和定量化的过程。为此，我们把需求分析分解为定义、细化、调查和确定四个步骤，如图4-8所示。

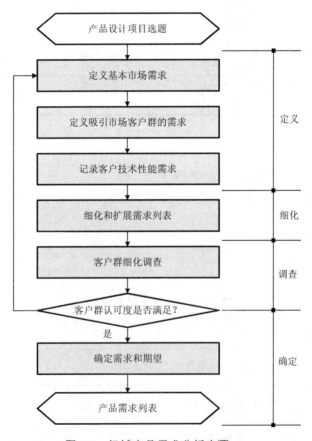

图4-8　机械产品需求分析步骤

(1)定义。

根据项目选题确定的产品，定义产品的基本市场需求，通过与同类产品或现有产品的分析比较，定义吸引特定客户群的市场需求，收集、记录一定数量客户的技术性能需求。定义产品需求的基本过程如下。

① 企业设计项目一般从客户订单合同、销售文件、营销部门提出的设计任务书中获得产品的基本市场需求，学校设计项目一般根据选题通过文献资料、初步市场调查获得基本市场需求。

② 与客户进行初步交流沟通，重点关注"客户提出的问题到底关于什么？"、"包含哪些不明确的要求和期望？"、"特别的约束确实存在吗？"等问题，收集技术性能需求，明确吸引市场客户群的需求信息。

③ 参照表 4-1 建立产品需求列表，确定量化和定性数据。

(2)细化。

细化需求信息一般采用需求列表和情景分析两种方法。根据表 4-1 创建的需求列表是细化需求信息的模板和依据，在此基础上，创建考虑每个阶段的产品生命周期情景，提出进一步的需求。过程中应及时和适当数量的客户群(或订单相关客户)进行沟通，重点交流以下问题："哪些目标必须满足？"、"哪些属性必须有？"、"哪些属性必须不能有？"。

客户的需求描述中不少是定性的、抽象的，为了能够在设计过程中给予充分满足，必须得到进一步的细化和扩展。例如，"简单维护"的需求描述，就需要获得细化分析。一般采用三步细化方法，以"简单维护"为例给出说明。

第一步(陈述)

客户需求：简单维护。

第二步(扩展)

客户需求：

① 提供长的维护间隔期；

② 维护简单化；

③ 维护方法容易学会。

第三步(细化)

提供长的维护间隔期：

① 维护间隔期至少 5000 工作小时；

② 每 10000 工作小时润滑凸轮。

维护简单化：

① 采用人工锁固定维护入口盖板；

② 标准润滑枪适用于凸轮润滑点的操作；

③ 为滴油托盘预留空间；

④ 提供维护入口盖板安装的位置特征点。

维护方法容易学会：

① 操作手册中增加一个独立部分阐述维护过程；

② 增加标签指示维护时需要打开的锁；

③ 采用蚀刻的箭头指示维护操作的方向。

(3)调查。

细化和扩展的需求列表应通过客户调查获得量化信息或验证有关分析数据的可行性。为了便于决策，针对面向市场销售的产品的需求分析，应系统设计调查表，如生活用产品一般应针对不同的年龄、职业、家庭状况、地区等客户群，给出不同的需求参数范围进行调查。

(4)确定。

根据调查情况，确定需求列表。

4.4.3　机械产品需求分析案例

案例 1：家用自动面条机需求分析

面食是中国传统饮食文化不可或缺的一部分。随着健康生活理念的不断提升，不少家庭希望自己做新鲜的面条。然而，和面、揉面、擀面、切面等手工面条制作过程不仅费时，而且不少人难以掌握制作工艺。全自动面条机遵循手工制作工艺和满足消费者的需求，可以制作出细面、宽面、窄面、龙须面、粗面和空心面等多样化面条品种，容量也可调，食材用料更可以根据喜好随意组合搭配，粗粮、鸡蛋、果蔬、肉酱，全面满足营养和口味的需求。通过定义、细化、调查和决策等步骤，确定了家用自动面条机需求列表，如表 4-3 所示。

表 4-3　家用自动面条机需求列表

学校(或公司)名称		家用面条机需求列表	日期：2013-8-11	第 1 页共 2 页
变更	D W	需求		负责人
	D	**1. 几何形态** 家用面条机： 长度：30～50mm 宽度：20～40mm 高度：20～40mm		
	D	**2. 运动学** 处理时间≤20min		
	W	**3. 力学** 样机质量≤10kg		
	D	**4. 能量** 家用电源220V，50Hz 功率≤300W		

续表

变更	D W	需求	负责人
	D	**5．物质** 输入物质：面粉≤500g，水，新鲜食材如鸡蛋，菠菜汁或胡萝卜汁等 输出物质：多种规格和类型的面条，如细圆面，粗圆面，细扁面以及宽扁面等	
	D	**6．信号** 输入：面条制作程序(手动设定、固定程序)； 输出：面水混合物软硬度、程序进程、故障等	
	D	**7．安全** 符合家用电器产品安全标准； 食料直接接触部分零部件材料符合相关规定； 可拆装部件重复安装不出现机械伤人事故； 不当使用可能导致产品损坏的安全措施	
		8．人机工程学 (略)	
	D	**9．制造** 可能与食品直接接触的运动部件必须使用食品级润滑； 油和油封材料，其他运动部件必须采用密封措施确保使用寿命期限内不发生润滑油等物质污染食物材料	
	D	**10．质量控制** 面条筋道与手工面条相当	
	D	**11．操作** 产品使用过程噪声应小于 85db	
	D	**12．维护** 为便于清洁和正常使用，和食物材料直接接触的部件可以方便拆卸 产品使用时间≥3600 小时，按使用 10 年，平均每天 1 小时计算	
	D	**13．成本** 产品批量制造成本：400～800 元	
	D	**14．进度** 设计完成截止日期：2013-12-30	

案例 2：金属切削带锯床设计需求分析

金属切削带锯床是机械产品制造过程中下料工序的主要设备，用于锯切碳素结构钢、低合金钢、铝合金、高合金钢、特殊合金钢和不锈钢、耐酸钢等各种金属材料。根据结构形式，金属切削带锯床可分为卧式金属切削带锯床(图4-9)和立式金属切削带锯床(图 4-10)，现拟开发卧式半自动金属切削带锯床，最大锯切直径达 500mm，锯切 40CrMn 方钢的锯切效率大于 80cm^2/min。通过定义、细化、调查和决策等步骤，确定了金属切削带锯床需求列表，见表 4-4。

表 4-4　金属切削带锯床需求列表

学校 (或公司) 名称	金属切削带锯床需求列表		日期: 2013-9-11	第 1 页共 2 页
变更	D W	需求		负责人
	D	**1. 几何形态** 金属带锯床: 长度: 1200～1500mm 宽度: 500～800mm 高度: 1500～1800mm		
	D	**2. 运动学** 锯切 40CrMn 方钢的锯切效率大于 80cm^2/min		
	D	**3. 力学** 样机质量<1500kg 锯切平稳, 无共振 锯带更换间隔达 30 天以上		
	D	**4. 能量** 三相电源 380V 主电机功率<3kW		
	D	**5. 物质** 输入物质: 未锯断的型钢、方钢、圆钢, 最大锯切直径达 400mm 输出物质: 锯断的型钢、方钢、圆钢		
	D	**6. 信号** 输入: 锯切启动、送料、锯切等信号 输出: 锯切完成、锯切进程、锯切故障等信号		
	D	**7. 安全** 可拆装部件重复安装不出现机械伤人事故 锯切过程保护机制 控制单元异常保护机制		
	D	**8. 人机工程学** 方便上下料、排屑		
	D	**9. 制造** 制造工序简单, 零件数量较少		
	D	**10. 质量控制** 锯切端面平齐, 较光滑		
	D	**11. 操作** 提供操作按键面板 产品使用过程噪声应小于 120db		
	W	**12. 维护** 便于锯条拆装、更换		
	W	**13. 成本** 产品制造成本: 3～5 万元		
	D	**14. 进度** 设计完成截止日期: 2013-12-30		

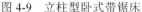

图 4-9　立柱型卧式带锯床　　　　　　　图 4-10　普通型立式带锯床

4.5　机械产品概念设计的任务和步骤

　　概念设计的任务是从需求中识别基本问题、建立功能模型、搜索子功能的原理解、组合获得原理方案以及通过评价获得概念方案。概念设计所花费的成本只占整个产品全生命周期成本的约 1 %，但它却决定了整个全生命周期成本的 70%。概念设计不仅决定着开发产品的成本、周期、质量、性能、可靠性、安全性和环保性，而且产生的设计无法由后续设计过程弥补。因此，概念设计被认为是设计过程中最重要、最关键、最具创造性的阶段[18]。

4.5.1　机械产品概念设计的步骤[15]

　　机械产品概念设计的步骤如图 4-11 所示。
　　步骤 1：归纳设计中的基本问题。
　　在激烈的市场环境中，一个产品必须具有若干竞争力的功能和性能，拥有解决若干关键问题的核心技术，而创新则是解决关键问题的必由之路。日新月异的科学技术为产品创新带来前所未有的机遇，应用各种新的科学发现、新技术、新方法以及新工艺可能获得设计问题的优化解，从而形成产品的核心技术。产品设计中的关键问题一般包括：①改进性能；②减少质量或空间；③降低成本；④改进制造工艺等方面，不同的产品设计问题具有较大的差异性，需要根据实际情况而定。例如，针对降低成本问题，可以考虑物理效应不变的情况下采用低成本的新材料、减少零部件数量或采用新的制造工艺。
　　不管是新产品设计还是产品改进设计，产品潜在客户一般利用具体对象描述设计需求，甚至提出产品原理解的具体建议。于是，有些工程师就根据经验按照习惯性思维定势，采用传统方法提出产品的原理解方案，可能该方案是可行方案，但是很可能不是好方案或是优化的方案。其原因是局限于具体对象层面思考设计问题，严重约束了创新思维的空间。

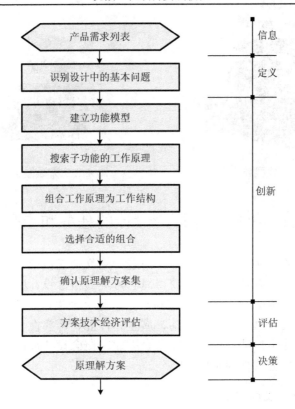

图 4-11　产品概念设计的步骤

　　为了解决工程师的思维定势问题，不考虑特殊或偶然等情况，针对关键设计任务，从设计需求中归纳出一般性的基本问题，从而为创新设计带来更大的思维空间。例如，改进高速透平机中的迷宫密封的一个设计问题，其基本问题是"非接触轴密封设计"而不是"迷宫密封的设计"，显然，依据前者描述方法工程师可以开展更大空间的设计创新，而后者描述方法则被局限于已有技术。

　　从需求列表中归纳产品设计基本问题，一般分为以下几个步骤：

　　(1)忽略个人喜好需求内容；

　　(2)省略与功能和基本约束没有直接相关的需求内容；

　　(3)将量化转化为定性数据描述，并变为基本陈述语句；

　　(4)根据需要归纳以上步骤的结果；

　　(5)采用中性术语描述问题。

　　步骤 2：建立功能模型。

　　归纳出设计中的基本问题后，采用能量-物质-信息流建立总功能。利用方块图描述输入和输出之间的中性解关系，如图 4-12 所示。由于设计问题的物理过程复杂性，描述输入和输出关系的总功能模型可能变得错综复杂，其装配和部件数量相对较大。类似于技术系统可以分解为子系统和单元，我们将总功能分解为子功能，不仅可以建立简洁、清晰的由子功能及其关系构成的功能结构图，而且以子功能为单元便于搜索原理解，如图 4-13 所示。

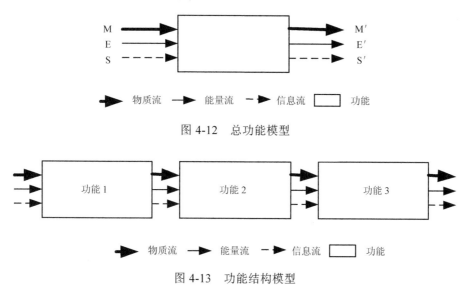

图 4-12　总功能模型

图 4-13　功能结构模型

可以按照以下原则分解子功能，构建功能结构图。

(1) 分析研究设计问题的物理过程。一般来说，机械产品的功能是采用机械系统半自动、自动或智能地利用某种物理过程实现物质-能量-信号的转换，显然，在明确的系统输入和输出的物质-能量-信号状态的前提下，其物理过程是否科学合理、是否优化则是产品设计成功与否的重要基础。例如，家用面条机设计中，在加工时间、加工量、产品尺寸、成本等系列需求约束下，分析研究获得一种优化的面条加工工艺则是功能建模的基础；自动装配机设计中，分析研究优化的装配工艺流程则是功能建模的基础。物理过程分析研究一般应以需求列表为基础，经过现场考察、文献检索、专利分析，通过类比、联想、头脑风暴等创新思维，采取必要的模拟或仿真实验，得到优化的物理过程方案。

(2) 分解主功能流。一般来说，物理过程就是产品的主功能流，可以参照以下原则分解子功能：①子功能分解应由粗到细，直到其复杂性降低到有望搜索到原理解；②子功能应能够给予清晰的定义，便于物理结构的模块化设计，可以考虑利用已有模块结构的功能定义子功能；③按照简单和经济的原则，建立尽可能简单的功能结构模型。

(3) 分解辅助功能。在分解基本物理过程的主功能流的基础上，参照子功能分解原则进一步分解相关辅助功能。机械产品中的辅助功能一般为能量或信号的转换。

(4)完善功能结构模型。进一步分析功能结构模型的合理性,根据需要细化分解、组合子功能或调整子功能布局,为了获得优化的功能结构模型,建议构建若干个功能结构模型,再通过比较分析确定功能结构模型。

步骤3:搜索子功能的工作原理。

确定功能结构模型以后,可以为各个子功能搜索工作原理,并组合成系统工作结构。所谓工作原理是指实现给定功能的物理效应及其必要的几何和材料特征。概念设计阶段的重要任务是获得尽可能多的创新性工作原理,为了方便地表达原理模型,一般采用草图或简图形式表达子功能的工作原理。

我们可以在文献检索、分析专利、现有技术系统和自然界生物等基础上,通过类比思维、分析与综合思维、归纳思维、演绎思维等逻辑思维,以及想象思维、联想思维、直觉思维、灵感思维、发散思维等非逻辑思维,为每项子功能找到尽可能多的原理解。搜索子功能的原理解应遵循以下原则:①优先搜索可能对系统产生重要影响的子功能的原理解;②若工作原理未知,则利用物理效应导出;③若工作原理已经确定,则选择合适的工作面几何特征、运动和材料,并进行比较分析。

为了便于得到组合方案,建立如表 4-5 所示的功能-原理解形态学矩阵,第 i 个子功能 F_i 共有 m 个原理解,S_{ij} 表示子功能 F_i 的第 j 个原理解。

表 4-5 功能-原理解形态学矩阵

原理解 子功能	1	2	…	j	…	m
F_1	S_{11}	S_{12}		S_{1j}		S_{1m}
F_2	S_{21}	S_{22}		S_{2j}		S_{2m}
⋮	⋮	⋮		⋮		⋮
F_i	S_{i1}	S_{i2}		S_{ij}		S_{im}
⋮	⋮	⋮		⋮		⋮
F_n	S_{n1}	S_{n2}		S_{nj}		S_{nm}

步骤4:组合工作原理为工作结构。

建立功能-原理解形态学矩阵后,可以通过组合子功能的工作原理,实现产品总功能。在组合过程中,依据功能流模型,根据相邻子功能的工作原理的物理和几何兼容性判断是否具有组合可能性。工作结构往往不是很具体,信息量较少,仅知道一些定性属性,可能会组合产生数量较大的组合方案。为了获得技术和经济较优的若干组合方案,一般应综合考虑以下因素:①组合子功能的工作原理之间的兼容性;②需求列表的可能满足程度;③实现原理的可行性;④成本满足预算范围的可能性。

步骤5:确认原理解方案集。

根据功能结构搜索原理解的过程中,主要目标是实现功能的物理效应,原理解模型往往比较简单，难以评估其组合而成的工作结构是否可以成为概念方案。因此，必须针对需求中明确的重要属性，进行具体的定性分析和初步的量化分析。工作原理的重要性能特征，几何空间、质量及寿命等结构特征，以及其他重要的设计约束必须明确，至少获得近似数据。一般通过以下途径和方法收集必要的信息。

（1）在简化的假设条件下，进行初步的计算；

（2）采用草图或初步的比例绘图，分析可能的布局、结构的几何空间特征等信息；

（3）通过初步的实验或模型测试，确定主要属性或获得近似量化的性能及其优化范围；

（4）建立初步的结构模型，进行运动学、静力学、动力学、流体力学、磁力学等仿真模拟分析；

（5）根据特定的目标，进一步搜索专利和文献；

（6）针对提出的技术、材料及外购零部件，开展市场分析研究。

通过以上分析计算以及获得新数据，明确必要的技术和经济属性，确定可以进行尽可能准确技术经济评估的原理解方案。同时，根据情况淘汰一些明显不能满足需求的原理方案。

步骤 6：方案技术经济评估。

原理解方案对产品的功能和性能具有决定性的影响，尽管概念设计阶段信息量较少，对原理解方案难以进行量化分析，但必须要从技术、经济和安全等方面开展定性分析评估。

（1）评价准则。

根据产品设计需求，参照表 4-6 评估项目确定相应的评价准则，概念设计阶段一般采用 15～30 个评价标准。

表 4-6　概念方案参考评价准则

评估项目	举　　　例
功能	依据原理解或概念解的必要性确定重要辅助功能的特征
工作原理	对于简单和明确的功能，选定的原理具有足够的物理效应和尽可能少的干扰因素
结构	少量的零部件，低复杂性，低空间需求，对空间布局设计无特殊要求
安全	高可靠性，无额外的安全监测要求，保证工业和环境安全
人机工程	良好的人机关系，没有紧张感或者有损健康，优美的视觉设计
制造	常规制造工艺，无需特殊或昂贵设备，部件结构简单，数量不多
质量控制	仅需很少的检测和检查，过程简单而可靠
装配	容易、方便、快速、无需特殊辅助工具
运输	常规运输方式，无风险
操作	操作简单，长的使用周期，低磨损，易于搬运
维护	小范围而简单的保养和清洁，易于检查、修理
回收	零件易于回收再利用，可以安全处理报废产品
成本	无特殊运行或者其他相关成本

(2)权重。

不同评价标准的重要性往往是不同的。从概念设计阶段信息量缺乏的角度来看，权重不一定考虑。但是，从评价分析角度考虑权重则是很有必要的，这样可以把主要精力放在分析具有高权重标准的主要特征上，而低权重的特征则可以给出相对粗略的估计。

若评价标准的权重为 w_i，$i=1,2,\cdots,n$，则

$$w_i < 1，且满足 \sum_{i=1}^{n} w_i = 1 \tag{4-1}$$

(3)计算方案评价总分值。

一般采用 4 分、5 分或 10 分评估方案的某项评价标准值,采用式(4-2)和式(4-3)计算方案的总评价分值，其中式(4-2)为不考虑权重的计算公式，式(4-3)为考虑权重的计算公式。

$$不考虑权重：OV_j = \sum_{i=1}^{n} v_{ij} \tag{4-2}$$

$$考虑权重：OWV_j = \sum_{i=1}^{n} w_i \cdot v_{ij} \tag{4-3}$$

(4)方案比较。

从技术、经济和安全等方面综合评价概念设计方案后，应取评价总分值 OV_j 或 OWV_j 最大的方案为最终方案。考虑到不同方案可能存在评价标准个数的差异，采用式(4-4)和式(4-5)计算方案的总评价相对分值，其中式(4-4)为不考虑权重的计算公式，式(4-5)为考虑权重的计算公式。

$$不考虑权重：\quad R_j = \frac{OV_j}{v_{max} \cdot n} = \frac{\sum_{i=1}^{n} v_{ij}}{v_{max} \cdot n} \tag{4-4}$$

$$考虑权重：\quad WR_j = \frac{OWV_j}{v_{max} \cdot \sum_{i=1}^{n} w_i} = \frac{\sum_{i=1}^{n} w_i \cdot v_{ij}}{v_{max} \cdot \sum_{i=1}^{n} w_i} \tag{4-5}$$

4.5.2　机械产品概念设计案例

以金属切削带锯床为例，给出概念设计过程。

步骤 1：归纳设计中的基本问题。

根据需求列表，金属切削带锯床设计的基本问题可归纳为：锯带锯切多种尺寸、形状的锯料。

步骤 2：建立功能模型。

金属切削带锯床总功能如下。

根据归纳的金属切削带锯床设计的基本问题，其总功能图如图 4-14 所示。

图 4-14 金属切削带锯床总功能图

金属切削带锯床功能结构图如图 4-15 所示。根据金属切削带锯床总功能图，将总功能分解为如图 4-15 所示的功能结构图。

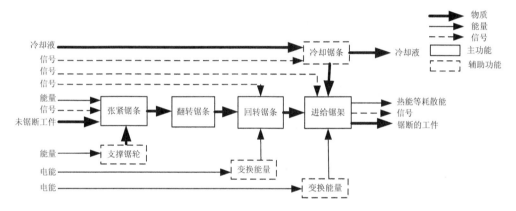

图 4-15 金属切削带锯床功能结构图

步骤 3：搜索子功能的工作原理。

基于金属切削带锯床功能结构图，表 4-7 给出了求解获得的各子功能的原理解。由表可见，共有 3×1×3×2×1×3×1×2=108 组原理解。在这众多方案中，可从原理解组合的兼容性、技术可行性、经济性等角度进行定性筛选，然后再详细评价，最后决策得出最优的多个或一个方案。

表 4-7 金属切削带锯床功能-原理解矩阵

子功能 / 原理解		1	2	3
1	张紧锯条			
2	翻转锯条			

续表

子功能	原理解	1	2	3
3	回转锯条			
4	进给锯条			
5	冷却锯条			
6	支撑锯架			
7	变换能量	电机		
8	变换能量	电机	液压	

步骤 4：组合工作原理为工作结构。

为简单示意，选取了金属切削带锯床功能-原理解矩阵中的一个组合方案，1—1—1—1—1—3—1—2，该方案采用螺纹式张紧机构，双爪式夹持装置，电机直驱式，单立柱液压进给式及单立柱导向式方案。图 4-16 给出了金属切削带锯床的工作结构示意图。

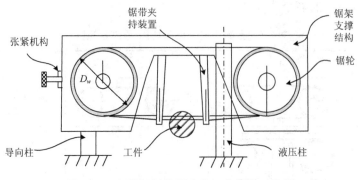

图 4-16　金属切削带锯床的工作结构示意图

步骤 5：确认原理解方案集。

根据工作原理的物理和几何兼容性等指标,筛选获得金属切削带锯床几组方案,再根据简单的性能计算分析,淘汰不符合设计要求的方案。以图 4-16 给出的方案为例,进行性能计算分析。

(1) 锯条强度性能。

设带锯条的最大扭转角度 $\varphi = 60°$,为了保证最大扭转切应力不至于引起破坏,需要限制最大的切应力,要求

$$\tau_{max} = G\frac{b\varphi}{l} \leqslant [\tau]$$

式中,G 为锯条剪切模量;b 为锯条宽度;$[\tau]$ 为锯条许用切应力;l 为锯轮中心与锯带左夹持装置在锯床长度方向上的距离。基于第四强度理论得 $[\tau] = \dfrac{[\sigma]}{\sqrt{3}}$,则

$$\tau_{max} = G\frac{b\varphi}{l} \leqslant \frac{[\sigma]}{\sqrt{3}} = \frac{\sigma_b}{n_\tau\sqrt{3}}$$

式中,n_τ 为剪切应力的安全系数,考虑到载荷波动,不妨取 5。代入数据可得横向距离应为

$$l \geqslant G\frac{5\sqrt{3}b\varphi}{\sigma_b} = 80\times10^3\frac{5\sqrt{3}\times1.1\times60\times\pi}{1300\times180} = 492.8(\text{mm})$$

假设锯轮中心与锯带左、右夹持装置在锯床长度方向上的距离一致,取锯料宽度为 l,则锯床长度约 $3l=1500\text{mm}$,长度满足几何设计要求。

(2) 主电机功率性能。

取实际锯切效率 $A_\eta = 80\text{cm}^2/\text{min}$,设锯料宽度 $D = 400\text{mm}$ 则锯架进给速度为

$$v_a = \frac{100A_\eta}{D} = \frac{100\times80}{400} = 20(\text{mm/min})$$

设锯切速度 $v_s = 70\text{mm/min}$,锯带当量齿距 $p = 7.26\text{mm}$,则进给量为

$$a = \frac{pv_a}{1000v_s} = \frac{7.26\times20}{1000\times70} = 0.002074(\text{mm})$$

根据锯切力学模型,可求得锯切抗力合力约 $F_x = 788\text{N}$,考虑 1.5 倍裕量,则主电机功率为

$$P_d = 1.5\frac{F_xv_s}{\eta} = 1.5\frac{788\times70}{0.7\times60000} = 1.97(\text{kW})$$

满足主电机功率设计要求。

步骤 6：方案技术经济评估。

设经方案筛选后，获得 3 种金属切削带锯床方案：方案 1，1—1—1—1—1—3—1—2；方案 2，3—1—1—2—1—3—1—2；方案 3，1—1—1—1—1—2—1—2。采用不考虑权重的 5 分制法，进行方案技术评估，如表 4-8 所示，由表可见，方案 2 相对分值最高，故可优先考虑方案 2。

表 4-8　金属切削带锯床方案评估表

	方案 1	方案 2	方案 3
功能	5	4	4
工作原理	4	3	5
结构设计	4	5	3
安全	4	4	5
制造	4	5	5
装配	4	5	3
操作	5	4	5
维护	3	5	4
总分 OV_i	33	35	34
相对分值 R_j	0.825	0.875	0.850

4.6　机械产品详细设计的任务和步骤[15]

机械产品详细设计阶段的任务是以概念设计方案为起点，根据设计需求、技术经济准则以及进一步获得的设计信息，进行产品布局设计和结构详细设计，形成产品设计文档。产品布局设计的任务是针对设计需求和空间约束，在功能部件的初步设计基础上，经过技术经济评估、多次修改优化，形成较为理想的产品布局图。产品结构详细设计的任务是在产品布局图的基础上，根据零部件承受载荷、运动、相互关系、制造工艺及工作环境等因素，完成零部件结构详细设计，绘制装配图，建立零部件清单，绘制零部件图，完成产品设计文档。

如图 4-17 所示，产品详细设计包括以下步骤。

步骤 1：确定布局设计需求和空间约束。

根据设计需求列表和概念设计原理解，考虑安全性、人机工程学、制造工艺、装配及回收等方面对尺寸、排布及材料相关的要求，确定布局设计需求，具体包括以下内容。

(1)尺寸要求，如输出尺寸、传送尺寸、连接尺寸等要求；

(2)排布要求，如流向、运动方向、具体位置等要求；

(3)材料要求，如抗腐蚀、服役年限以及指定材料等对设计限定的要求。

布局设计中的空间约束一般包括轴线位置、安装要求等。

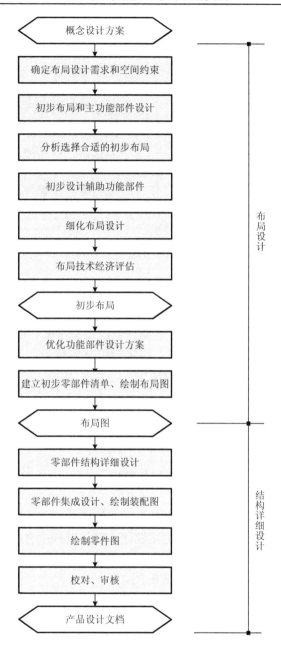

图 4-17　产品详细设计的步骤

步骤 2：初步布局和主功能部件设计。

(1)通过运动学和动力学分析计算，确定主功能部件的结构及其参数；

(2)根据表 4-9 对主功能部件结构进行可行性分析；

(3)根据主功能部件结构和空间约束，设计一个或若干个初步布局方案。

步骤 3：分析选择合适的初步布局。

根据表 4-9 对初步布局进行可行性分析，确定合适的初步布局。

步骤 4：初步设计辅助功能部件。

如支撑、密封、冷却等功能部件，一般优先考虑采用标准件、通用件或市场产品目录中的零部件，否则考虑采用定制零部件。

步骤 5：细化布局设计。

根据"明确"、"简单"和"安全"基本设计原则细化布局、主功能部件和辅助功能部件设计，加入标准件和外协件，并将所有功能部件组合进入整体布局中。在细化设计过程中，重点关注产品的设计标准、设计准则，细化分析计算，进行必要的实验，考虑和辅助功能的兼容性等问题。

(1)"明确"设计原则：具有明确的功能，可以准确预见最终产品的可靠性能，可以节省分析的时间和成本；

(2)"简单"设计原则：少量的零件、易于快速制造的简单结构，基本保证经济可行性；

(3)"安全"设计原则：保证强度、可靠性以及避免事故，必要的保护环境措施。

步骤 6：对布局进行技术经济评估，确定初步总体布局。

总体布局描述了系统或产品的整体结构。

步骤 7：优化功能部件设计方案。

根据表 4-9，分析可能存在的问题，如空间兼容性、干扰因素的影响等，从成本和质量等目标，进行必要的改进设计。根据需要进行多次评估分析，从而获得更为满意的设计方案。

步骤 8：建立初步零部件列表，绘制布局图。

步骤 9：零部件结构详细设计。

根据零部件承受载荷、运动、相互关系、制造工艺及工作环境等因素，对其结构、材料、表面、公差及配合等进行优化设计。设计过程中考虑标准化的可能性，包括采用标准件或通用件。

步骤 10：零部件集成设计、绘制装配图。

将每个零部件集成为装配体，绘制装配图，零部件编号，建立零部件清单(Bill of Material，BOM 表)。

步骤 11：绘制零件图。

根据 BOM 表，绘制全部自制和外协加工的零件图。

步骤 12：校对、审核。

将所有产品设计文档分别提交校对和审核，对标准化、尺寸与公差的准确性、结构工艺性等方面进行检查核实。

表 4-9　布局设计评估参考准则

序　号	评估项目	参考准则
1	功能	要求的功能是否能够实现 需要哪些辅助功能
2	工作原理	选择的工作原理能否产生预期效果和优势 有什么干扰因素可预期
3	布局	总体布局、部件的结构、材料和尺寸能否满足以下要求： (1)足够的耐久性(强度)；(2)允许的变形量(刚度)；(3)足够的稳定性；(4)避免产生共振；(5)规定使用寿命和载荷条件下允许的腐蚀和磨损
4	安全性	是否考虑了对零部件、功能、操作和环境的安全产生影响的所有因素
5	人机工程学	是否考虑了人-机关系 是否避免了不必要的工作压力和人为伤害 是否充分考虑设计美学
6	制造工艺	是否对制造过程进行了技术和经济分析
7	质量控制	是否便于在制造过程中和制造后或其他任何时间进行质量检验
8	装配	按照正确的顺序，内部和外部的装配是否容易完成
9	运输	内部和外部的运输条件和风险是否充分考虑
10	操作	噪声、振动、处理等所有影响操作的因素是否充分考虑
11	维护	维护、检查、大修等能否容易完成
12	回收	该产品是否可重复使用和回收
13	成本	成本是否在预期的控制范围，是否会产生额外的成本
14	进度	是否满足交货日期 是否存在修改方案可以改善交货期

4.7　机械产品设计项目案例

4.7.1　金属切削带锯床底座焊接机械臂设计案例描述

　　工业机器人使用数量逐年递增，使得各制造业领域自动化程度明显提高。焊接机械臂是在工业机器人基础上发展起来的先进焊接设备，广泛应用于汽车及其零部件、摩托车、工程机械等行业。但是，焊接机械臂在不同场合中，由于焊接对象特点的差异，并不完全适用；同时，通用焊接机械臂的成本较高，在应用范围较小的领域，会造成功能过剩的情况。因此，各种针对特定对象，如针对管道接管焊接等的专用焊接机械臂应运而生。

　　本案例针对箱体焊接，具体涉及金属切削带锯床底座的焊接。设计金属切削带锯床底座的专用焊接机械臂可以提高金属切削带锯床底座的产品质量，改善劳动条件，从而促进金属切削带锯床产业更好地发展。

4.7.2　金属切削带锯床底座焊接机械臂的需求分析

　　考虑整体尺寸过大，如果仅用一台机械臂焊接完成，会造成机械臂过大、制造和加工量增加、材料过剩等问题。这里对底座设计导轨用于移动，使底座能朝一个方向进给(图 4-18)，采用合适的夹具，将整个箱体分割成几个小箱体的焊接。

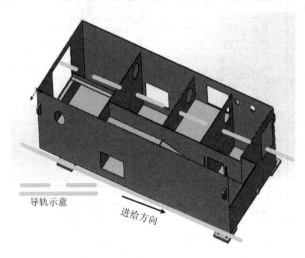

图 4-18　金属切削带锯床底座焊接导轨示意及进给描述

1. 功能需求分析

焊接机械臂焊接作业如下。

(1)焊前准备，焊接机械臂摆放在相对于金属切削带锯床底座的指定位置，各关节回归原点姿态等待，如图 4-19 所示。

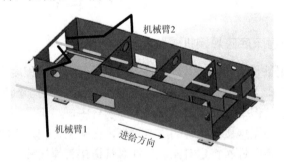

图 4-19　机械臂空间放置示意图

(2)输入各关节运动信号，连杆运动使末端位姿达到底座需要焊接作业起始位置，进行焊接定位。

(3)开始焊接，同时输入预定运动轨迹的信号，各关节不断调整保证使焊接作业沿着焊缝进行焊接任务。

(4)完成焊缝后，输入设定的回位信号，机械臂以较快速度回归原点姿态，等待箱体进给到下一个指定位置后的焊缝指令。

(5)对下一条焊缝重复以上(1)~(4)步骤,直至完成整个箱体的焊接作业。

由以上可以看出,该焊接机械臂主要由焊接、定位和移动等功能组成。焊接功能主要指结合机械臂对指定焊缝对象进行焊接,由搭载在机械臂上的焊机完成。定位和移动功能是指焊接开始前末端执行件(即焊枪)预先到达焊缝起始位置,以及焊接开始后根据焊缝的轨迹通过不断输入信号控制各关节的运动使末端执行件始终沿着焊缝行进。同时在整个焊接过程中机械臂应当具有足够的工作空间、一定量的负载能力和避障要求。

2. 性能需求分析

(1)负载要求。

负载主要考虑机械臂末端结构自重、搭载的焊枪及电线等附属的质量和焊接时的惯性作用力。经过调研,负载确定为 2kg。

(2)速度要求。

基于 JB/T 9186—1999《二氧化碳气体保护焊工艺规程》规定,根据接头形式、母材厚度等,自动焊接速度为 5~40mm/s。考虑裕量,取最大焊接速度为 50mm/s,加速时间为 0.5s。

除了焊接速度,在完成焊缝任务时回位或进入下一条焊缝焊接位置的速度也有一定要求,为了提高效率,这个速度应该大于焊接时的速度,不妨取 0.2m/s,最大加速度为 1m/s²。

(3)精度要求。

考虑焊接工作不属于高精度工种,根据当前市场对焊接精度的要求,设定机械臂沿设定轨迹进行焊接时,实际轨迹与理论轨迹误差不超过 0.5mm。另外,对同一条焊缝轨迹重复焊接作业,各条实际轨迹之间最大误差不超过 0.5mm。

3. 其他需求分析

考虑金属切削带锯床底座的形状呈长方体状,且尺寸较大,在底座可沿进给方向移动情况下用 2 台机械臂对称分布作业。为了能对内部的局部箱体进行焊接作业,机械臂工作范围应能到达局部箱体的各条棱边,因此这里的工作空间可达区域应该能包容长 600mm,宽 300mm,高 400mm 的立方体。

4. 需求汇总

(1)工作空间:包容长 600mm,宽 300mm,高 400mm 的立方体。

(2)负载要求:机械臂末端负载 2kg。

(3)焊接速度:自动焊接速度为 5~40mm/s。取最大焊接速度为 50mm/s,加速时间为 0.5s。

(4)重复路径精度:0.5mm;重复定位精度:0.5mm。

(5)末端执行操作点(TCP)最大速度：0.2m/s。

(6)末端执行操作点(TCP)最大加速度：1m/s^2。

4.7.3　金属切削带锯床底座焊接机械臂的概念设计

1. 功能建模

(1)总功能模型图(图4-20)。

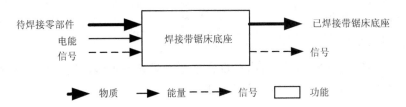

图 4-20　金属切削带锯床底座焊接机械臂总功能模型图

(2)功能结构模型图(图4-21)。

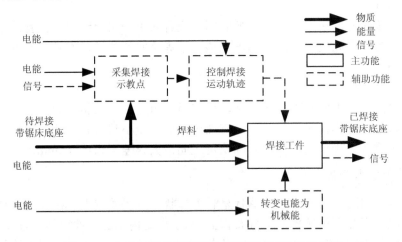

图 4-21　金属切削带锯床底座焊接机械臂功能结构图

2. 原理方案分析

不同于其他产品，机械臂结构原理比较统一，概念设计阶段主要涉及自由度确定和构型设计。

(1)自由度确定。

一般来说，六个自由度可以对空间中的任意一点做平面或旋转作业，但是考虑机械臂针对不同的实际工作，并不全都需要六个自由度。在机械臂的设计中常采用"臂腕分离"的原则将自由度分离分成两部分，以减少或消除位置和姿态的耦合作用。

金属切削带锯床底座焊接机械臂，依靠前三个自由度在笛卡儿坐标中可确定焊枪位置，而后三个自由度确定焊枪末端姿态。由于焊枪对焊丝呈对称形状，围绕焊丝旋转对焊接作业并不产生影响，为冗余自由度，因此金属切削带锯床底座焊接机械臂只需要五个自由度即可完成焊接任务。

(2) 手臂构型确定。

在工业机械臂中，最常用的两类关节是移动关节(P)和转动关节(R)，大部分机械臂都由这两种关节类型不同顺序和数量组合而成。手臂关节有三个自由度，分别由 P 关节和 R 关节组合搭配，理论上可以有 32 种构型，但是其中有很多并不满足工程实际的空间要求。另外，当机械臂第一关节为 R 时，若旋转周线平行于地面，该关节电机不仅要承担驱动力矩，还要承担机体因重力折算的重力矩，应当避免采用此种结构。经过排除明显不适用于金属切削带锯床底座焊接的构型，可选构型如表 4-10 所示。

表 4-10　机械臂构型

项　　目	构型一	构型二	构型三
关节配置	(R∥R)⊥P	R⊥(R∥R)	(R∥R)⊥P
构型图			
工作范围	中	大	较大
定位精度	较低	低	较高
灵活性	较好	好	较差
对姿态的影响	中	大	小

根据 4.6 节金属切削带锯床底座结构和焊接机械臂放置位置布局，针对箱体工作范围尺寸作为焊接完全覆盖对象(图 4-22)，对以上 3 个关节构型的焊接执行性进行分析。

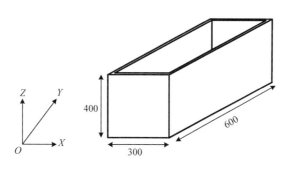

图 4-22　焊接对象箱体结构示意图(单位：mm)

　　构型一为 $R_Z R_Z R_Y$，基于设计要求设定各关节运动范围为 $\theta_1 \in [-90°, 90°]$，$\theta_2 \in [-135°, 135°]$，$\theta_3 \in [-120°, 120°]$。由于该构型的结构特点，机械臂在 Z 方向的高度调节仅由第三关节控制，工作空间高度方面为 400mm，故臂 3 长度 $L_3 > 400mm$。构型一虽然能够完成整条底边的焊接，但是由于结构限制，Z 方向关节不能在调节高度的同时保持垂直姿态，因此不能焊接高度方向的棱边。

　　构型二为 $R_Z R_Y R_Y$，各关节运动范围确定为 $\theta_1 \in [-90°, 90°]$，$\theta_2 \in [-120°, 120°]$，$\theta_3 \in [-135°, 135°]$。该构型的 Z 方向高度由第二关节和第三关节耦合而成，箱体摆放位置如图 4-23 所示。如图 4-24 所示，为了包容箱体，几何条件需满足

$$R_1 = \sqrt{L_2^2 + L_3^2 - 2L_2 L_3 \cos(180 - \theta_3)}$$

$$R_2 = L_2 + L_3$$

$$R_3 = \sqrt{R^2 - (h + R_1)^2}$$

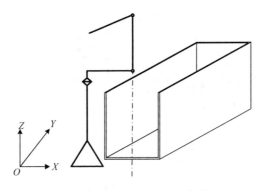

图 4-23　构型二位置示意图

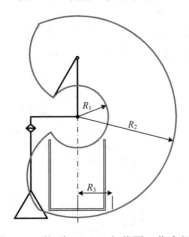

图 4-24　构型二 XOZ 主截面工作空间

$$(L_1 + R_3)^2 - \left(\frac{l}{2}\right)^2 \geqslant \left(L_1 + \frac{b}{2}\right)^2$$

式中，l 为工作对象箱体的长度；b 为箱体的宽度；h 为箱体的高度；L_1 为机械臂的第一臂长；L_2 为第二臂长；L_3 为第三臂长。当 $L_3 > 300\mathrm{mm}$ 时，由于臂 3 长度大于箱体宽度，焊接高度棱边时会产生干涉（图 4-25）。当 $L_3 \leqslant 300\mathrm{mm}$ 时，工作空间无法被包容，修改 $\theta_2 \in [-120°, 120°]$ 后实现包容，但焊接底边时仍会产生干涉。

构型三为 $\mathrm{R_Z R_Z P_Z}$，如图 4-26 所示，各关节的运动范围分别为：$\theta_1 \in [-75°, 75°]$，$\theta_2 \in [-135°, 135°]$，$d_3 \in [-250, 200]$；其中，第一、二关节调节 XOY 平面工作范围，第三关节调节 Z 向工作范围，XOY 截面工作空间如图 4-27 所示。考虑机械臂工作空间不仅要包含箱体空间，同时还要与焊接对象有一定的空间余量，这里因此取前两臂长 $L_1 = 400\mathrm{mm}$，$L_2 = 480\mathrm{mm}$。图中 $R_1 = \sqrt{L_1^2 + L_2^2 - 2L_1 L_2 \cos(180° - 135°)} = 344.8\mathrm{mm}$，$R_2 = L_1 + L_2 = 880\mathrm{mm}$。由此可见，构型三能够满足设计的要求。

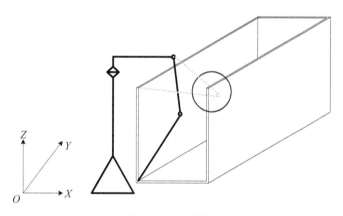

图 4-25 干涉情况

（3）腕部关节确定。

腕部结构只需要两个自由度，用于控制焊枪的偏转和俯仰姿态，排除不具姿态调整能力的 P 型关节，只存在两种组合方式（图 4-28）：偏转在前、俯仰在后，俯仰在前、偏转在后。考虑偏转对前后两种关系电机输出扭矩变化不大，而俯仰在前增加偏转关节质量形成的重力矩，为减小电机负载，采用偏转在前、俯仰在后的腕部构型设计。

（4）焊接机械臂构型方案。

通过前面的分析，可确定机械臂的各个关节构型，整体构型方案如图 4-29 所示。

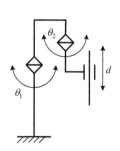

图 4-26 构型三简图

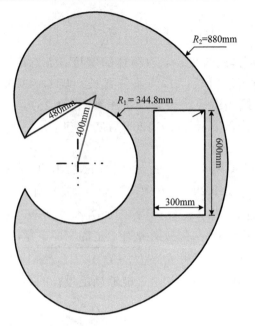

图 4-27　构型三主截面工作空间

图 4-28　腕部构型的两种组合方式

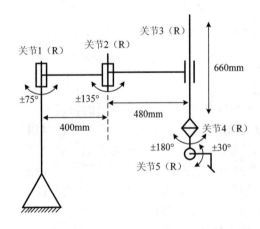

图 4-29　焊接机械臂构型方案

4.7.4　金属切削带锯床底座焊接机械臂的详细设计

1. 关节运动参数

基于设计要求，即 TCP 最大加速度 $a_{\max}$ 为 1m/s^2，TCP 最大速度 $v_{\max}$ 为 0.2m/s，可求得旋转关节 1 的最大角速度和角加速度为

$$\theta_{1,\max} = \frac{v_{\max}}{R_1} = \frac{0.2}{0.3417} = 0.580(\text{rad/s})$$

$$\dot{\theta}_{1,\max} = \frac{a_{\max}}{R_1} = \frac{1}{0.3417} = 2.900(\text{rad}^2/\text{s})$$

旋转关节 2 的最大角速度和角加速度为

$$\theta_{2,\max} = \frac{v_{\max}}{L_2} = \frac{0.2}{0.44} = 0.454(\text{rad/s})$$

$$\dot{\theta}_{2,\max} = \frac{a_{\max}}{L_2} = \frac{1}{0.44} = 2.27(\text{rad}^2/\text{s})$$

线性关节 3 的最大上下运动速度为 $\dot{d}_3 = 0.2\,\text{m/s}$，最大加速度为 $\ddot{d}_3 = 1\,\text{m/s}^2$。

基于焊接速度 $v_{w,\max} = 50\,\text{mm/s}$ 和加速时间为 $\Delta t = 0.5\,\text{s}$，可得旋转关节 4 的最大角速度和角加速度为

$$\theta_{4,\max} = \frac{v_{w,\max}}{L_4} = \frac{50}{150} = 0.334(\text{rad/s})$$

$$\dot{\theta}_{4,\max} = \frac{\theta_{4,\max}}{\Delta t} = \frac{0.357}{0.5} = 0.668(\text{rad}^2/\text{s})$$

关节 4 用于调节焊枪姿态，同理可得 $\theta_{5,\max} = 0.334\,\text{rad/s}$，$\dot{\theta}_{5,\max} = 0.668\,\text{rad}^2/\text{s}$。

2. 传动方案设计

传动方案的设计对后续的具体结构设计起决定性的作用，机械结构都必须以实现传动方案为目的，各关节对传动的要求各有不同。

(1)大臂关节：传动链的起始，转动角度小，因此减速比大，力矩需求也大，且传动精度要求高；

(2)小臂关节：转动角度小，减速比和力矩需求大，驱动电机安装尽量靠近大臂中心轴；

(3)Z 轴关节：由于是高度方向上下运动，需要改变传动方向；

(4)腕部关节：整体结构要小，传动简单。

伺服电机的额定转速通常为 3000r/min，根据各关节最大速度，可以得出各关节

的总减速比。大臂采用电机配大减速比行星减速器直驱方式减少径向尺寸；小臂通过减速器与同步齿形带两级减速增加传动距离，将电机安装在大臂内部，并靠近大臂转动中心；Z 轴方向为保证传动精度及速度，采用传动效率高的锥齿轮改变传动方向后由大导程的滚珠丝杠转变为直线运动。腕部结构中，由于步进电机转速较低，偏转和俯仰都采用步进电机配减速器直驱的方式。

传动结构示意如图 4-30 所示。

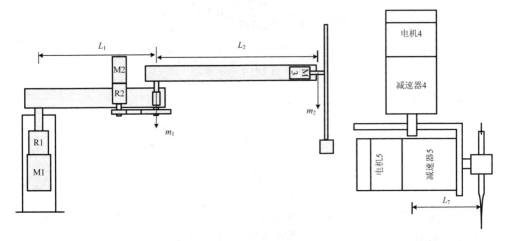

图 4-30　传动结构示意图

基于设计要求，最大回位加速度为 1m/s²，最大速度为 0.2m/s²，可得各关节最大角速度与角加速度(第三关节为移动副，故为最大速度与加速度)，如表 4-11 所示。

表 4-11　各关节最大速度与加速度

关节	最大速度	最大加速度
1	0.580rad/s	2.9rad/s²
2	0.417rad/s	2.08rad/s²
3	0.1m/s	0.5m/s²
4	0.334rad/s	0.668rad/s²
5	0.334rad/s	0.668rad/s²

3. 大臂结构设计

大臂电机设计参数如下。

(1) 最大工作角速度：$\theta_{1,\max} = 0.580\,\mathrm{rad/s}$；

(2) 最大角加速度：$\dot{\theta}_{1,\max} = 2.900\,\mathrm{rad}^2/\mathrm{s}$。

选用台达 0.4kW 交流伺服电机，伺服型号为台达 C206-04，额定扭矩 $T_{m1} = 1.27\,\mathrm{N\cdot m}$，额定转速 $n_{m1} = 3000\,\mathrm{r/min}$，电机转子惯量为 $J_{m1} = 0.30 \times 10^{-4}\,\mathrm{kg\cdot m}^2$。

将大小臂的质量近似于集中各臂的末端，则折算负载惯量为

$$J_{load} = m_1 l_1^2 + m_2 (l_1 + l_2)^2$$

式中，m_1 为大臂整体质量；m_2 为小臂整体质量；l_1 为大臂长度；l_2 为小臂长度。

总减速比为

$$i_1 = \frac{\theta_{m1}}{\theta_{1,max}} = \frac{2\pi n_{m1}}{60\theta_{1,max}}$$

式中，θ_{m1} 为电机额定角速度。

折合到电机轴的转动惯量为

$$J_{load \to m} = \frac{J_{load}}{i_1^2}$$

电机最大角加速为

$$\alpha_{m1,max} = \dot{\theta}_{1,max} i_1$$

电机需输出的最大扭矩为

$$T_{1max} = (J_{load \to m} + J_{m1})\alpha_{m1,max}$$

通过对小臂和腕部结构的质量估算，获得 $m_1 = 15kg$，$m_2 = 25kg$。代入数据可得

$$J_{load} = m_1 l_1^2 + m_2 (l_1 + l_2)^2 = 15 \times 0.4^2 + 25 \times 0.88^2 = 21.76 (kg \cdot m^2)$$

$$i_1 = \frac{\theta_{m1}}{\theta_{1,max}} = \frac{2\pi n_{m1}}{60\theta_{1,max}} = \frac{2\pi \times 3000}{60 \times 0.580} = 542$$

$$J_{load \to m} = \frac{J_{load}}{i_1^2} = \frac{21.76}{542^2} = 0.741 \times 10^{-4} (kg \cdot m^2)$$

$$\alpha_{m1,max} = \dot{\theta}_{1,max} i_1 = 2.9 \times 542 = 1571.8 (rad^2/s)$$

$$T_{1,max} = (J_{load \to m} + J_{m1})\alpha_{m1,max} = (0.741 \times 10^{-4} + 0.30 \times 10^{-4}) \times 1571.8 = 0.1636 (N \cdot m)$$

转动惯量比为

$$\frac{J_{load \to m}}{J_m} = \frac{0.741 \times 10^{-4}}{0.30 \times 10^{-4}} = 2.47$$

则扭矩安全系数为

$$\frac{T_{1,max}}{T_1} = \frac{1.27}{0.1636} = 7.76$$

采用大减速比减速器的一级减速结构，某公司生产的齿轮组减速，减速比为500，型号为 FB60-500-S2-P1。

4. 大臂联接轴的刚度设计

设梁末端 C 的许用位移为 $[\Delta]$，已知 $F_1 = 150\,\mathrm{N}$，$F_2 = 250\,\mathrm{N}$，$l_1 = 400\,\mathrm{mm}$，$l_2 = 480\,\mathrm{mm}$，假设梁的水平段为刚体，梁的材料为 45，弹性模量 $E = 210\,\mathrm{GPa}$，求 $A\text{-}A$ 圆截面的最小直径 r。

取 $h = 100\,\mathrm{mm}$，$[\Delta] = 0.01\,\mathrm{mm}$。梁 B 点的受力轴向力和弯矩（图 4-31），根据悬臂梁简单载荷单独作用下挠度计算公式，可得在弯矩的作用下 B 点水平方向挠度为 $x_B = \dfrac{Mh^2}{2EI}$（I 为截面惯性矩，对于圆截面，$I = \dfrac{\pi r^4}{64}$），端截面转角 $\theta = \dfrac{Mh}{EI}$，则根据几何关系可得梁末端 C 点的垂直方向挠度为 $\Delta = \theta(l_1 + l_2) = \dfrac{Mh}{EI}(l_1 + l_2)$，故由 $\Delta \leqslant [\Delta]$，可得圆截面直径 r 应满足

$$r \geqslant \left[\frac{64Mh}{[\Delta]E\pi}(l_1 + l_2)\right]^{1/4}$$

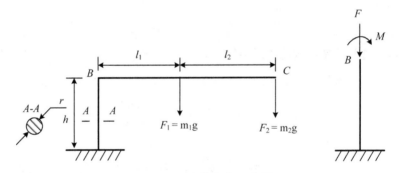

图 4-31　受力简图构示意图

代入数据可得弯矩 $M = F_1 l_1 + F_2(l_2 + l_1) = 150 \times 0.4 + 250 \times 0.88 = 280(\mathrm{N \cdot m})$，则

$$r \geqslant \left[\frac{64Mh}{[\Delta]E\pi}(l_1 + l_2)\right]^{1/4} = \left[\frac{64 \times 280 \times 0.1}{0.01 \times 210 \times 3.14 \times 10^6}(0.4 + 0.48)\right]^{1/4} = 0.124(\mathrm{m})$$

故圆截面的最小直径 $r = 124\,\mathrm{mm}$。

至此，可以设计焊接机械臂的底座，如图 4-32 所示。

5. 其他结构设计

其他关节和臂的设计同上，这里就不再赘述，请读者自行设计。

由上述各关节的设计结果和臂体的分析优化后，得到机械臂整体的结构（图 4-33 和图 4-34）。

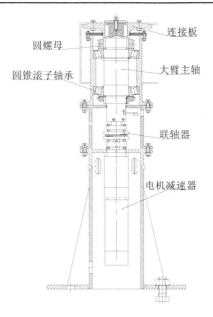

连接板

圆螺母

圆锥滚子轴承

大臂主轴

联轴器

电机减速器

图 4-32　底座结构

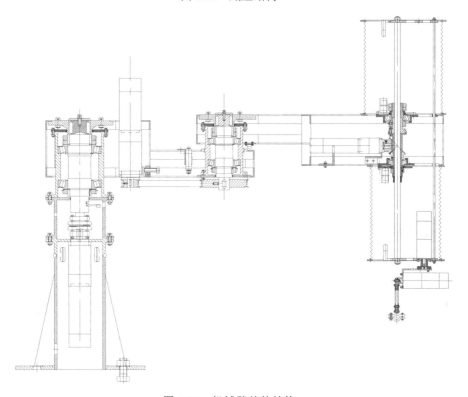

图 4-33　机械臂整体结构

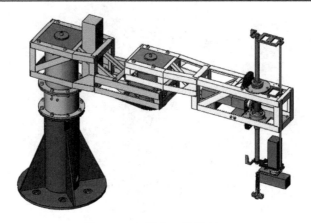

图 4-34　机械臂三维模型

6. 控制系统设计

机械结构确定后，可基于 ADAMS 软件进行运动学/动力学分析，进一步确定相关控制方案。图 4-35 为焊接机械臂控制系统的硬件结构图，其主要由四部分构成：PC、运动控制卡、驱动器和电机。PC 主要实现数据的记录、插补等功能，运动控制卡负责轨迹规划、反馈等。该系统具有较高的控制精度和稳定性，能满足系统的通知要求。

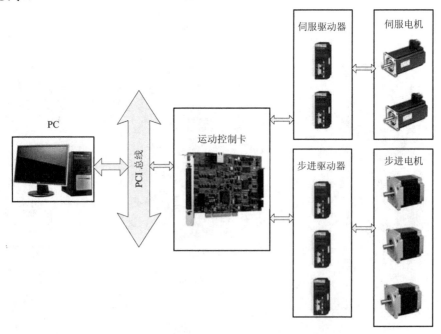

图 4-35　硬件平台

根据上述原理，对控制系统的核心控制柜进行设计，如图 4-36 所示。

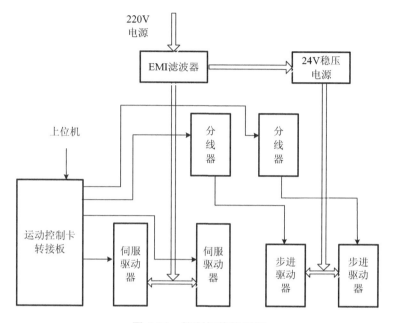

图 4-36 控制柜接线原理

在硬件平台的基础上，软件控制算法通过程序来实现。其主要思想为上位机(PC)完成数据插补、逆解和参数设置等工作，下位机(运动控制卡)完成轨迹规划、电机驱动和反馈等工作。

采用示教再现的方式完成焊接机械臂的控制，其控制流程如图 4-37 所示，控制过程可以简单地进行如下描述。

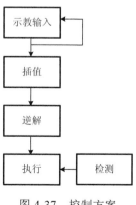

图 4-37 控制方案

(1)示教输入：机械臂根据焊缝的实际轨迹、移动位置将所得到的位置点通过编码器的反馈记录到上位机中，上位机通过预先建立的数学模型将各个电机的转角信息转化为笛卡儿坐标数据，并加以记录。

（2）插补：当所有示教点都输入完毕之后，计算机会根据示教点的位置和插补方式，在示教点间隔中插入合适数量的点，来完成整个轨迹的生成。

（3）逆解：在插值完成之后，计算机通过逆解公式，求解出每个电机的转角序列，并将此序列输入给运动控制卡。

（4）执行：运动控制卡根据转角序列和时间序列以样条拟合模式驱动电机运动，从而获得示教过程相一致的路径曲线。

（5）在运动过程中开辟一个计算机线程，检测关节转角，实时计算机械臂动力学参数，并修改驱动器 PID 控制参数，从而达到焊接机械臂的最优化控制。

第 5 章 机械产品工程分析研究项目实践

5.1 引 言

随着现代设计理论的发展和各类工程分析工具的出现，现代产品设计的周期大幅度缩减，主要原因就在于工程分析代替了各类试验和性能验证。

通常，现代产品的设计过程如图 5-1 所示，在新产品初步设计后，设计者在可能利用的经验、计算和试验结果的条件下进行工程分析，并基于设计准则对初步设计进行评价。设计优化是寻求目标最小值或最大值，如质量最轻、体积最小。设计优化过程实际上是上百次，甚至是上万次工程分析的迭代过程(代替了传统设计过程中的各类试验和设计完善)，因此合理、有效、实用的工程分析是实现优化设计的根本保证。

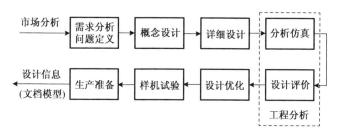

图 5-1　新产品的设计过程

机械产品设计是确定一个机制系统以满足功能需求，因此设计有多种解决方案，需要很多决策，如材料、设计选项、几何形状、尺寸等。

机械产品工程分析是针对机械新产品设计过程中的性能预测与优化问题以及使用过程中产品出现的问题，运用各种分析方法、计算手段或仿真技术对产品模型的各种性能或安全可靠性进行计算与分析，提出改进或优化设计方案，以及解决问题的方法。

与机械产品设计不同的是，机械产品工程分析的预测结果是唯一的，而机械产品设计的结果是多样化的，两者的区别总结如表 5-1 所示。

表 5-1　机械产品设计与机械产品工程分析的差异

设计	工程分析
决策过程	求解问题过程
新问题求解或现存问题的新解	已知问题的求解
有多解	唯一解

机械产品工程分析研究实践的目标是掌握机械产品工程分析的基本方法和手段，具备产品优化分析的思维和能力，形成预先发现潜在问题的直觉和解决潜在问题的能力。

5.2　机械产品工程分析研究的方法

5.2.1　概述

日益激烈的市场竞争已使机械产品设计与生产厂家越来越清楚地意识到：能比别人更快地推出优秀的新产品，就能占领更多的市场。为此，工程分析方法作为能缩短产品开发周期的得力工具，被越来越频繁地引入了产品的设计与生产的各个环节，以提高产品的竞争力。机械产品工程分析在整个产品生命周期的各个阶段都可以创造效益，重点是在产品设计的早期，在机床、工装、原材料准备等重大的投入之前，保证设计的正确性，避免浪费和失误，而且为制造、销售、后期支持服务等阶段提供良好的保证。从产品的整个投入上来看，采用工程分析使得前期的设计投入的确有所增大，但往往能够很大程度上节省试制环节的投入(图 5-2)，并能极大地减少产品投产的时间。

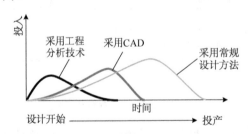

图 5-2　采用不同设计方案的投入曲线

可见，工程分析是非常必要的，其原因如下。

(1)在工程原型得到之前，需要大量的前期设计决策，而前期设计决策在很大程度上依赖于工程分析的设计预测性能。工程分析可以为设计人员用来完成基础设计的验证、不同方案的比较，满足功能、性能方面的要求，并为决策层进行产品决策提供参考，回答是否能够在预定时间、预定成本等约束条件下开发出满足要求的产品的问题。

(2)物理测试是十分昂贵的、耗时的、有害的，甚至在某些情况下是禁止的。物理试验阶段是设计完成后的关键阶段。大多数企业都是先制造物理样机，投入试验，如果某些地方试验失败，则重新设计、重新制造、重新试验，如此反复，直到定型通过。显然，这样反复多次的"设计、试验、修改"过程，既耗费时间，又极为昂贵。如果采用工程分析，样机的数量和重新制造、重新试验的次数必然会减少。

在数字样机的仿真试验中发现问题、修改设计，与物理样机相比，显然其成本降低很多。

（3）由于可能缺乏物理试验测量系统等一系列的限制，工程师使用工程分析来更深入地了解某些现象。计算机辅助工程分析（CAE）可以"透视"整个产品的工作或实验过程，显示出所有检测点的数据，工程师利用仿真软件，在实际试验或工作之前就掌握最可能的载荷/激励位置和危险工况，从而找出并消除那些可能导致产品缺陷的设计要素。而一些新的制造工艺流程还可以通过 CAE 来确定其中的某些重要参数，如温度、压力和速度等。

总而言之，工程分析的作用主要如下。

（1）借助工程分析计算，确保产品设计的合理性，减少设计成本；

（2）缩短设计和分析的循环周期；

（3）CAE 起到"虚拟样机"作用在很大程度上替代了传统设计中资源消耗极大的"物理样机验证设计"过程，虚拟样机作用能预测产品在整个生命周期内的可靠性；

（4）将工程分析与优化设计方法结合，找出产品设计最佳方案，降低材料的消耗或成本；

（5）在产品制造或工程施工前预先发现潜在的问题；

（6）模拟各种试验方案，减少试验时间和经费；

（7）进行机械事故分析，查找事故原因。

机械产品工程分析的实质是对机械实际产品或机械工程问题的特征或本质加以抽象，再将其表现为数学形态，或进一步以虚拟现实技术将其过程和细节以可视化直观图形的方式呈现出来，其目的就是在数值上或物理机制上搞清楚实际机械工程结构是怎样工作的，以便完成设计改进和性能修正。机械产品工程分析可以为工程师提供大量的信息和知识，但是其本身缺乏本质问题的形成和欠缺真实情景探究的过程，因此必要的真实实验是必需的。一方面，试验可以验证工程分析的结果，更重要的是，真实试验可以探究问题的物理本质。

5.2.2　试验设计

从 20 世纪 20 年代，费希尔（R.A.Fisher）在农业生产中使用试验设计方法以来，试验设计方法已经得到广泛的发展，统计学家发现了很多非常有效的试验设计技术。50 年代，质量工程学创始人将试验设计中应用最广的正交设计表格化，在方法解说方面深入浅出为试验设计的更广泛使用作出了众所周知的贡献。田口玄一曾经说过："不掌握试验设计（DOE）的工程师，只能算是半个工程师。"试验设计方法是改进和创新最有效的工具，它利用最少的资源，可获得最佳的结果。

试验设计（Design of Experiments，DOE）是研究如何制订适当试验（包含真实的物理试验和工程分析中的虚拟仿真试验）方案以便对试验数据进行有效统计分析的数学理论与方法。通常所说的试验设计是以概率论、数理统计和线性代数等为理论基础，科学地安排试验方案，正确地分析试验结果，尽快地获得最优化方案的一种数学方法。

试验设计的三个基本原理是重复、随机化以及区组化。

所谓重复，意思是基本试验的重复进行。重复有两条重要的性质。第一，允许试验者得到试验误差的一个估计量。这个误差的估计量成为确定数据的观察差是否是统计上的试验差的基本度量单位。第二，如果样本均值作为试验中一个因素的效应的估计量，则重复允许试验者求得这一效应的更为精确的估计量。如 s^2 是数据的方差，而有 n 次重复，则样本均值的方差是 s^2/n。这一点的实际含义是，如果 $n=1$，以及 2 个处理的 $y1=145$ 和 $y2=147$，这时我们可能不能作出 2 个处理之间有没有差异的推断，也就是说，观察差 147−145=2 可能是试验误差的结果。但如果 n 合理的大，试验误差足够小，则当我们观察得 $y1$ 随机化是试验设计使用统计方法的基石。

所谓随机化，是指试验材料的分配和试验的各个试验进行的次序，都是随机地确定的。统计方法要求观察值(或误差)是独立分布的随机变量。随机化通常能使这一假定有效。把试验进行适当的随机化亦有助于"均匀"可能出现的外来因素的效应。

区组化是用来提高试验的精确度的一种方法。一个区组就是试验材料的一个部分，相比试验材料全体它们本身的性质应该更为类似。区组化牵涉到在每个区组内部对感兴趣的试验条件进行比较。

试验通常要选择一种或几种试验设计方案，试验设计的方法各有其适用范围和优缺点，试验者应根据实际需求进行适当选择。最常见的试验设计方法主要分为两类：正交试验设计法和析因法。

第一类：正交试验设计法。

正交试验设计法是研究与处理多因素试验的一种科学方法。它利用一种规格化的表格——正交试验表，挑选试验条件，安排试验计划和进行试验，并通过较少次数的试验，找出较好的生产条件，即最优或较优的试验方案。

正交试验设计主要用于调查复杂系统(产品、过程)的某些特性或多个因素对系统(产品、过程)某些特性的影响，识别系统中更有影响的因素、其影响的大小，以及因素间可能存在的相互关系，以促进产品的设计开发和过程的优化、控制或改进现有的产品(或系统)。

第二类：析因法。

析因法又称析因试验设计、析因试验等。它是研究变动着的两个或多个因素效应的有效方法。许多试验要求考察两个或多个变动因素的效应。例如，若干因素：对产品质量的效应；对某种机器的效应；对某种材料的性能的效应；对某一过程燃烧消耗的效应等。将所研究的因素按全部因素的所有水平(位级)的一切组合逐次进行试验，称为析因试验，或称完全析因试验，简称析因法。

析因法常用于新产品开发、产品或过程的改进以及安装服务，通过较少次数的试验，找到优质、高产、低耗的因素组合，达到改进的目的。

这里重点介绍正交试验设计法，其他方法请读者参考相关文献。

通常，一个事件的变化是由很多的因素变化制约着，那么为了弄明白哪些因素重要，哪些不重要，什么样的因素搭配会产生极值，必须通过进行试验验证。如果因素很多，而且每种因素又有多种变化，那么试验量会非常大，显然是不可能每一个试验都进行的。能够大幅度减少试验次数而且并不会降低试验可行度的方法就是使用正交试验法。

正交试验设计法就是利用排列整齐的、与试验因素水平相对应的正交表来对试验进行整体设计、综合比较、统计分析，实现通过少数的试验次数找到较好的生产条件，以达到最高的生产工艺效果。正交表能够在因素变化范围内均衡抽样，使每次试验都具有较强的代表性，由于正交表具备均衡分散的特点，保证了全面试验的某些要求，这些试验往往能够较好或更好地达到试验的目的。例如，3 水平 4 因素表就只有 9 行，远小于遍历试验的 81 次；我们同理可推算出如果因素水平越多，试验的精简程度会越高。

正交试验设计法案例：为提高某化工产品的转化率，选择了三个相关因素进行条件试验，反应温度（A），反应时间（B），用碱量（C），并确定了它们的试验范围：$A \in [80,90]$℃；$B \in [90,150]$min；$C \in [5\%,7\%]$。试验目的是搞清楚因子 A、B、C 对转化率有什么影响，哪些是主要的，哪些是次要的，从而确定最适生产条件，即温度、时间及用碱量各为多少才能使转化率高。

这里，对因子 A，在试验范围内选了三个水平；因子 B 和 C 也都取三个水平：

A：A1=80℃，A2=85℃，A3=90℃。

B：B1=90min，B2=120min，B3=150min。

C：C1=5%，C2=6%，C3=7%。

当然，在正交试验设计中，因子可以是定量的，也可以是定性的。而定量因子各水平间的距离可以相等，也可以不相等。这个三因子三水平的条件试验，通常有两种试验进行方法。

（1）取三因子所有水平之间的组合，即 A1B1C1，A1B1C2，A1B2C1，…，A3B3C3，共有 $3^3=27$ 次试验。用图表示就是图 5-3 中立方体的 27 个节点。这种试验法称为全面试验法。

全面试验对各因子与指标间的关系剖析得比较清楚。但试验次数太多，特别是当因子数目多，每个因子的水平数目也多时，试验量大得惊人。如选六个因子，每个因子取五个水平时，如欲进行全面试验，则需 $5^6=15625$ 次试验，这实际上是不可能实现的。如果应用正交试验法，只进行 25 次试验就行了。而且从某种意义上讲，这 25 次试验代表了 15625 次试验。

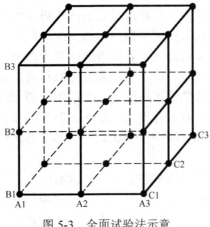

图 5-3 全面试验法示意

(2)简单对比法，即变化一个因素而固定其他因素，如首先固定 B、C 于 Bl、Cl，使 A 变化之：

$$
B1C1
\begin{cases}
\nearrow A1 \\
\longrightarrow A2 \\
\searrow A3（好结果）
\end{cases}
$$

若得出结果以 A3 最好，则固定 A 于 A3，C 还是 Cl，使 B 变化之：

$$
A3C1
\begin{cases}
\nearrow B1 \\
\longrightarrow B2（好结果） \\
\searrow B3
\end{cases}
$$

若得出结果以 B2 为最好，则固定 B 于 B2，A 于 A3，使 C 变化之：

$$
A3B2
\begin{cases}
\nearrow C1 \\
\longrightarrow C2（好结果） \\
\searrow C3
\end{cases}
$$

试验结果以 C2 最好。于是就认为最好的工艺条件是 A3B2C2。这种方法一般也有一定的效果，但缺点很多。首先，这种方法的选点代表性很差，如按上述方法进行试验，试验点完全分布在一个角上，而在一个很大的范围内没有选点。因此这种试验方法不全面，所选的工艺条件 A3B2C2 不一定是 27 个组合中最好的。其次，用这种方法比较条件好坏时，是把单个的试验数据拿来，进行数值上的简单比较，而试验数据中必然要包含着误差成分，所以单个数据的简单比较不能剔除误差的干扰，必然造成结论的不稳定。

简单对比法的最大优点就是试验次数少，例如，六因子五水平试验，在不重复时，只用 $5+(6-1)\times(5-1)=5+5\times4=25$ 次试验就可以了。

考虑兼顾这两种试验方法的优点，从全面试验的点中选择具有典型性、代表性的点，使试验点在试验范围内分布得很均匀，能反映全面情况。但我们又希望试验点尽量地少，为此还要具体考虑一些问题。

如上所述，对应于 A 有 A1、A2、A3 三个平面，对应于 B、C 也各有 3 个平面，共 9 个平面。则这 9 个平面上的试验点都应当一样多，即对每个因子的每个水平都要同等看待。具体来说，每个平面上都有三行、三列，要求在每行、每列上的点一样多。这样，作出如图 5-4 所示的设计，试验点用⊙表示。我们看到，在 9 个平面中每个平面上都恰好有 3 个点而每个平面的每行每列都有 1 个点,而且只有 1 个点,总共 9 个点。这样的试验方案，试验点的分布很均匀，试验次数也不多。

当因子数和水平数都不太大时，尚可通过作图的办法来选择分布很均匀的试验点。但是因子数和水平数多了，作图的方法就不行了。试验工作者在长期的工作中总结出一套办法，创造出所谓的正交表。按照正交表来安排试验，既能使试验点分布得很均匀，又能减少试验次数。图 5-4 所示的正交试验设计法计算分析简单，且能够清晰地阐明试验条件与指标之间的关系。用正交表来安排试验及分析试验结果，这种方法称为正交试验设计法。

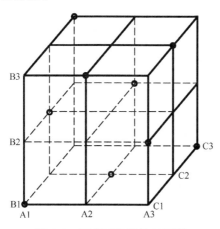

图 5-4 正交试验设计法示意

正交试验的性质如下。

(1)每列中不同数字出现的次数是相等的，如 $L9(3^4)$，每列中不同的数字是 1，2，3，它们各出现 3 次；

(2)在任意两列中，将同一行的两个数字看成有序数对时，每种数对出现的次数是相等的，如 L9(3^4)，有序数对共有 9 个：(1,1)，(1,2)，(1,3)，(2,1)，(2,2)，(2,3)，(3,1)，(3,2)，(3,3)，它们各出现一次。

由于正交表有这两条性质，用它来安排试验时，各因素的各种水平的搭配是均衡的。

(1) 正交表。

为了叙述方便，用 L 代表正交表，常用的有 L8(2^7)，L9(3^4)，L16(4^5)，L8($4×2^4$)，L12(2^{11})等。此符号各数字的意义如下。

L8(2^7)，7 为此表列的数目(最多可安排的因子数)，2 为因子的水平数，8 为此表行的数目(试验次数)。

L18($2×3^7$)，有 7 列是 3 水平的，有 1 列是 2 水平的。

L18($2×3^7$)的数字告诉我们，用它来安排试验，进行 18 个试验最多可以考察一个 2 水平因子和 7 个 3 水平因子。在行数为 mn 型的正交表中(m，n 是正整数)，试验次数(行数)=Σ(每列水平数−1)+1。如 L8(2^7)，8=7×(2−1)+1。

用上述关系式可以从所要考察的因子水平数来决定最低的试验次数，进而选择合适的正交表。例如，要考察 5 个 3 水平因子及 1 个 2 水平因子，则起码的试验次数为 5×(3−1)+1×(2−1)+1=12(次)。这就是说，要在行数不小于 12，既有 2 水平列又有 3 水平列的正交表中选择，L18($2×3^7$)适合。

正交表具有两条性质：①每一列中各数字出现的次数都一样多；②任何两列所构成的各有序数对出现的次数都一样多。所以称为正交表。例如，在 L9(3^4)中(表 5-2)，各列中的 1、2、3 都各自出现 3 次；任何两列，例如，第 3、4 列，所构成的有序数对从上向下共有 9 种，既没有重复也没有遗漏。其他任何两列所构成的有序数对也是这 9 种各出现 1 次。这反映了试验点分布的均匀性。

(2) 方案设计。

安排试验时，只要把所考察的每一个因子任意地对应于正交表的一列(一个因子对应一列，不能让两个因子对应同一列)，然后把每列的数字"翻译"成所对应因子的水平。这样，每一行的各水平组合就构成了一个试验条件(不考虑没安排因子的列)。

表 5-2　L9(3^4)正交试验表

行号	列号				行号	列号			
	1	2	3	4		1	2	3	4
	水平					水平			
1	1	1	1	1	6	2	3	1	2
2	1	2	2	2	7	3	1	3	2
3	1	3	3	3	8	3	2	1	3
4	2	1	2	3	9	3	3	2	1
5	2	2	3	1					

对于上述案例，因子 A、B、C 都是三水平的，试验次数要不少于 $3\times(3-1)+1=7$（次），可考虑选用 $L9(3^4)$。因子 A、B、C 可任意地对应于 $L9(3^4)$ 的某三列，例如，A、B、C 分别放在 1、2、3 列，然后试验按行进行，顺序不限，每一行中各因素的水平组合就是每一次的试验条件，从上到下就是这个正交试验的方案，见表 5-3。这个试验方案的几何解释正好是图 5-4。

表 5-3 因子安排和试验方案

行号\列号	A	B	C		试验号	水平组合	试验条件		
	1	2	3	4			温度/℃	时间/min	加碱量/%
1	1	1	1	1	1	A1B1C1	80	90	5
2	1	2	2	2	2	A1B2C2	80	120	6
3	1	3	3	3	3	A1B3C3	80	150	7
4	2	1	2	3	4	A2B1C2	85	90	6
5	2	2	3	1	5	A2B2C3	85	120	7
6	2	3	1	2	6	A2B3C1	85	150	5
7	3	1	3	2	7	A3B1C3	90	90	7
8	3	2	1	3	8	A3B2C1	90	120	5
9	3	3	2	1	9	A3B3C2	90	150	6

三个 3 水平的因子，进行全面试验需要 $3^3=27$ 次试验，现用 $L9(3^4)$ 来设计试验方案，只要做 9 次，工作量减少了 2/3，而在一定意义上代表了 27 次试验。

5.2.3 工程分析方法简介

好的结构设计方案必须从设计一开始就将好的使用性能设计进去，要做到这一点，不同技术专业领域共同努力、协同工作必不可少，结构系统设计工程分析已成为确保设计质量的重要保证。

以最普通的产品强度安全为例，长期以来，产品的力学强度分析与计算一直沿用材料力学、理论力学和弹性力学所提供的公式来进行，由于有许多的简化条件，因而计算精度很低；还有不少产品开发人员认为自己的产品大都是在原有产品基础上的改型，其尺寸、应力等没必要再进行复杂的计算。在这种情况下，设计人员常采用简单的加大安全系数的方法来保证产品的强度和质量，结果使结构尺寸加大，浪费材料，有时还会造成结构性能的降低。

现代产品正朝着高效、高速、高精度、低成本、节省资源、高性能等方面发展，传统的计算分析方法远无法满足要求。随着先进计算技术的发展以及产品设计进入市场周期缩短的需求，工程师越来越多地依靠各种数学模型和仿真模型。这些模型可以提供一个灵活和廉价的手段来探讨及研究设计替代品。伴随着计算机技术的发展，出现了计算机辅助工程分析（Computer Aided Engineering，CAE）这一新兴技术。CAE 是指工程设计中的计算机辅助分析计算与仿真，具体包括工程数值分析、结构与过程优化设计、强度与寿命评估、运动/动力学仿真，如静应力、动应力和温度应力计算，各种载荷作用下的变形计算，振动频率和振动模态的计算，温度计算，甚至高速冲击产生的应力波计算等。有限元技术与虚拟样机的运动/动力学仿真技术是CAE 技术的核心，已经成为工程结构设计阶段不可缺少的方法和工具。各种大型有限元软件，如 MSC/Nastran、ANSYS、ADAMS、ABAQUS，应运而生。到目前为止，CAE 软件已经成为企业家和工程师实现工程/产品创新的得力助手和有效工具，已经在提高工程/产品的设计质量、降低研究开发成本、缩短开发周期方面发挥了重要作用，成为实现工程/产品创新的支撑技术。

例如，某电梯公司在开发某型号的自动扶梯(图5-5)时，需要设计分析其金属结构架的承载能力以满足 GB 16899—1997《自动扶梯和自动人行道制造与安装安全规范》。根据 GB 16899—1997《规范》规定，自动扶梯金属结构架要求在 $5000\mathrm{N/m^2}$ 的乘客荷载作用下，自动扶梯金属结构架的最大挠度不应超过水平距离的 1/750，其强度按照扶梯金属结构架所有载荷(包括金属结构架的自重)进行校核。自动扶梯金属结构架的材料为 Q235-A，按照《规范》规定的安全系数，可以获得材料的许用应力。

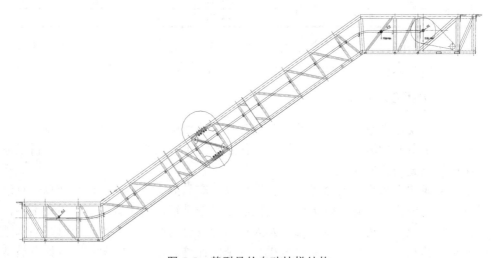

图 5-5　某型号的自动扶梯结构

在以往的设计中，通常采用常规简化的设计与计算，制造样机后再进行应力测试和位移(挠度)测试进行验证。在测试过程中，先去油漆用砂纸打磨表面，用丙酮清洗表面，将应变片或应变花贴在被测表面(图5-6)并与测试仪器相连接。测试时，初始状态(包含金属结构架自重以及其他集中载荷作用时)清零，因此所测得的应变/应力和挠度仅为由乘客荷载所引起的相应值。如果结构安全不足或裕量过大，就需要重新设计完善与调整，再制造样机进行验证，这样的设计方法周期过长、成本过高。

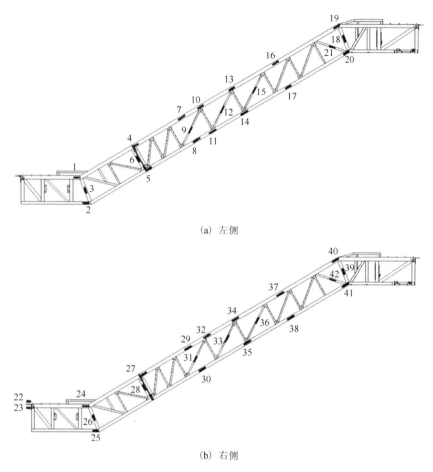

(a) 左侧

(b) 右侧

图 5-6　自动扶梯结构应力测试布点

基于工程分析结果进行优化设计，可以达到事半功倍的效果。借助于商用有限元软件，对自动扶梯金属结构架的特征或本质加以抽象，可以抽象成空间的线框结构（局部覆盖几何面），每一条线（物理上是杆件，有限元上采用梁单元描述）赋予不同截面属性（图 5-7）和材料属性，每一条面（有限元上采用壳单元描述）赋予相应厚度属性和材料属性，展开成空间结构如图 5-8 所示；根据实际工况，施加相应的载荷和约束之后，在有限元软件中，可以自动将其表现为数学形态，进行相应的数值分析与计算；进一步，自动扶梯金属结构架在各种工况下挠度值和应力值的计算结果以可视化的直观图形方式表现出来，如图 5-8 和图 5-9 所示；最后，根据 GB 16899—1997《规范》，最大的挠度发生在接近金属结构架中部的位置，其值为 12.95mm，相对于两端水平距离的最大相对挠度等于 1/1164（=12.95/15078），小于 1/750，满足刚度条件，同时各梁和板均符合强度要求。

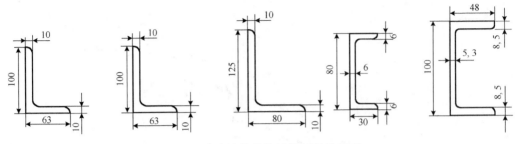

图 5-7　自动扶梯结构连接杆件的截面

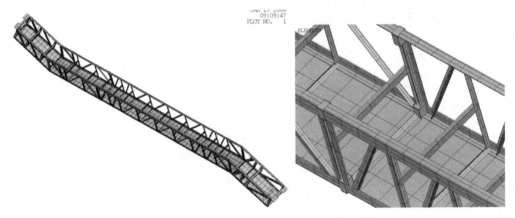

图 5-8　自动扶梯结构的有限元模型

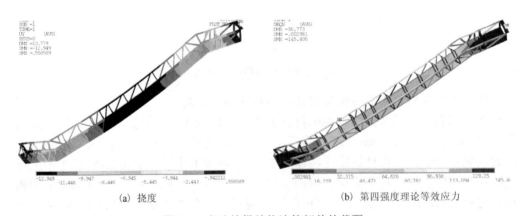

(a) 挠度　　　　　　　　　　　　　　　(b) 第四强度理论等效应力

图 5-9　自动扶梯结构连接杆件的截面

　　如果结构安全不足或裕量过大，只需要适当调整结构模型或改变杆件的截面属性，即可重新计算，进一步也可基于此进行优化分析与设计。正是由于将工程分析技术应用于自动扶梯金属结构架，使得自动扶梯结构在设计、试验、生产中"少走弯路，减少反复"，大大缩短了产品的开发周期，大幅度降低了产品开发的成本。

CAE 技术的研究始于 20 世纪 50 年代中期, CAE 软件出现于 70 年代初期, 80 年代中期 CAE 软件在可用性、可靠性和计算效率上已基本成熟, 但当时其数据管理技术尚存在一定缺陷, 运行环境也仅限于当时的大型计算机和高档工作站。近十多年是 CAE 软件的商品化发展阶段, 其理论和算法日趋成熟, 已成为航空、航天、机械、土木结构等领域工程和产品结构分析中必不可少的数值计算工具。

CAE 主要是以有限元法、有限差分法、有限体积以及无网格法为数学基础发展起来的。传统的 CAE 是指工程设计中的分析计算与分析仿真, 具体包括工程数值分析、结构与过程优化设计、强度与寿命评估、运动/动力学仿真。工程数值分析用来分析确定产品的性能; 结构与过程优化设计用来保证产品功能、工艺过程的基础上, 使产品、工艺过程的性能最优; 结构强度与寿命评估用来评估产品的精度设计是否可行, 可靠性如何以及使用寿命为多少; 运动/动力学仿真用来对 CAD 建模完成的虚拟样机进行运动学仿真和动力学仿真。从过程化、实用化技术发展的角度看, 传统的 CAE 的核心技术为有限元技术与虚拟样机的运动/动力学仿真技术。

有限元技术是用计算机辅助求解复杂工程和产品结构强度、刚度、屈曲稳定性、动力响应、热传导、三维多体接触、弹塑性等力学性能的分析计算以及结构性能的优化设计等问题的一种近似数值分析方法, 它是随着电子计算机的发展而迅速发展起来的。有限元技术基本思想是将一个形状复杂的连续体的求解区域分解为有限的形式简单的子区域, 即将一个连续体简化为由有限个单元组合的等效组合体; 通过将连续体离散化, 把求解连续体的场变量(应力、位移、压力和温度等)问题简化为求解有限的单元节点上的场变量值。

运动学/动力学仿真技术通常被人们用来研究系统的位移、速度、加速度与其所受力(力矩)之间的关系等。产品设计必须解决运动构件工作时的运动协调关系、运动范围设计、可能的运动干涉检查、产品动力学性能、强度、刚度等。现在, 运动学/动力学仿真技术研究的对象越来越复杂。工程中的对象是由大量零部件构成的系统, 如机车与汽车、操作机械臂、机器人等复杂机械系统。

5.2.4　机械产品工程分析研究问题类型

机械产品工程分析常用于建成前或当一个产品没有满足预期的潜在设计。在新产品设计前, 对结构进行工程分析, 促使在设计的前期就考虑结构在生产、储存、使用环境中的各种工程因素对结构的影响, 加以量化, 并采取相应技术措施解决矛盾问题, 是形成优质工程结构方案的关键方法。当一个产品没有满足预期的潜在设计时, 就要修改设计, 重新进行工程分析, 根据工程分析结果查找原因并解决问题。无论是新产品设计过程中的工程分析, 还是产品没有满足预期的潜在设计而进行问题原因查找的工程分析, 都是通过各种计算手段或仿真技术对产品模型的各种性能或安全可靠性进行计算与分析。

机械产品的工程分析，不仅仅是机械 CAE 分析的范畴，它通常指机械结构工程分析和机构的运动学/动力学分析。

1. 机械结构工程分析研究问题

(1)机械结构的力学分析研究问题。

机械结构的力学分析研究问题通常包含材料线性和非线性、几何结构线性和非线性的静态力学问题和动态力学问题。力学问题主要涉及在外力作用下结构的失效和疲劳等问题。静态和动态的区别在于外载荷是否随时间快速变化以及由其影响的各种响应是否随时间快速变化。

材料力学中研究杆件的基本变形和组合变形时，都假设材料处于线弹性范围，即应力和应变呈线弹性关系(如 $\sigma = E\varepsilon$)，这样的一类问题我们称为材料线性问题。但是在很多重要的实际问题中，上述线性关系不能保持。例如，在结构的形状有不连续变化(如缺口、裂纹等)的部位存在应力集中，当外载荷到达一定数值时该部位首先进入塑性，虽然结构的其他大部分区域仍保持弹性，这时在该部位线弹性的应力应变关系不再适用。又例如，长期处于高温条件下工作的结构，将发生蠕变变形，即在载荷或应力保持不变的情况下，变形或应变仍随着时间的进展而继续增长，这也不是线弹性的材料关系所能描述的。上述现象都属于材料非线性范畴内所要研究的问题。

工程实际中还存在另一类所谓几何结构非线性问题。例如，如图 5-10 所示的铰接杆受载荷 F 作用，如果杆件的材料是线弹性的，根据材料力学的知识，我们可以求得铰接点 C 的铅垂位移 δ 和载荷 F 的关系为 $F = \left(\dfrac{\delta}{l}\right)^3 EA$，其中 EA 为杆件的抗拉刚度。可见，尽管材料是线弹性的，但是变形或位移和载荷的关系是非线性的。

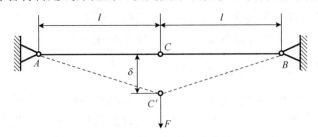

图 5-10　几何结构非线性问题示例

由于非线性问题的复杂性，所以利用解析方法能够得到的解答是很有限的。随着有限单元法在线性分析中的成功应用，它在非线性分析中的应用也取得了很大的进展，已经获得了很多不同类型实际问题的求解方案。

材料非线性问题的处理相对比较简单，不需要重新列出整个问题的表达格式，只要将材料本构关系线性化，就可将线性问题的表达格式推广用于非线性分析。几何非线性问题比较复杂,它涉及非线性的几何关系和依赖于变形的平衡方程等问题。

　　例如,某公司生产的一种双级推料离心机,在使用过程中,发现多个转鼓出现开裂现象,见图 5-11。要找到转鼓开裂的原因,就需要进行大量的工程分析。基于各种工况下常规的设计计算和静强度有限元分析,该双级推料离心机转鼓的最大应力都处于线弹性状态(图 5-12),符合静强度和疲劳强度的要求。进一步研究表明,转鼓出现开裂是由于在转鼓制造过程(焊接过程)中,高温移动热源及之后的快速冷却,使得在焊缝及其附近区域产生了残留的拉应力(图 5-13 和图 5-14),由此产生焊接变形和残余应力。在离心机高速旋转、承载不断加大的情况下,造成了裂纹并使裂纹迅速扩展,最终导致转鼓开裂。转鼓焊接残余应力模拟是基于热弹塑性理论,在焊接热循环过程中通过跟踪热应变来计算热应力,从而详尽地掌握焊接应力和变形的产生及发展过程。

图 5-11　转鼓断裂的情况

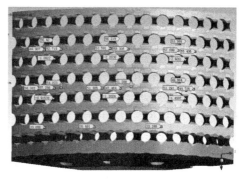

图 5-12　转鼓的环向应力

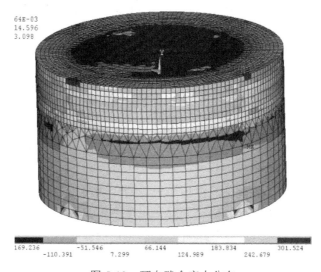

图 5-13　环向残余应力分布

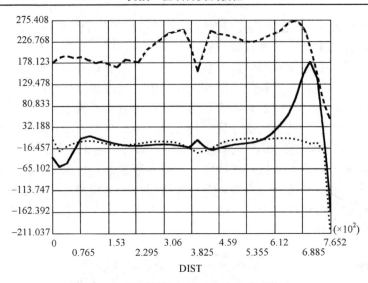

图 5-14　沿开裂周向的三向残余应力变化

(2)机械结构的场分析研究问题。

从哲学的角度讲，结构及其相互作用的矛盾构成了世界发展的根本原因。从物理学的角度来说，结构和相互作用被译为物质和场。所以，场就是物质之间的相互作用。物理学上所谈的场包括引力场、电磁场、核场和弱场。场的相互作用是通过交换量子而实现的。工程应用所谈的场与上述概念略有不同，它主要从实用而非量子角度来谈场，如结构场、流场、声场、浓度场、温度场、静电场、稳恒磁场和电磁场等。

机械结构的场分析研究问题通常包含热场分析问题、电场分析问题和磁场分析问题等。热场分析在许多工程应用中扮演重要角色，如内燃机、涡轮机、换热器、管路系统、电子元件等。以机床主轴系统为例，由于轴承高速旋转的摩擦而引起热量，传热给相邻部件，由于热梯度以及材料热膨胀系数的不匹配等会导致相邻部件之间的间隙变化，从而导致一系列的故障。这样的例子很多，如某企业在设计浇铸系统的机械臂，一开始设计时由于没有考虑温度场的影响，机械臂故障频发，其原因就在于约 1200℃ 的金属浇铸液引起机械臂的不均匀温度场分布，导致各活动关节的间隙的变化。热场分析是基于能量守恒原理的热平衡方程，再结合相关算法计算各点的温度，并导出其他热物理参数。

电磁场是电场与磁场的合称。电场和磁场的传播过程生成一个作用力场，这个作用力场称为电磁场。电磁场分析已广泛应用于电机、继电器等的设计中，它可对与电机、继电器等性能相关的各种电磁参数及工作性能起直观的了解。磁场分析可用于磁体设计，可解决永磁体尺寸及性能设计、空间磁场计算与演示、磁体性能粗略判定等。例如，由若干永磁体按照一定方式进行耦合，能够提供较强的吸附力，可应用于爬壁吸附机器人。如图 5-15 所示的 Halbach 永磁阵列吸附单元，常用于爬壁吸附机器人，其磁吸附分析结果见图 5-16 和图 5-17。

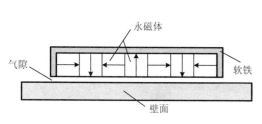

图 5-15　Halbach 永磁阵列吸附单元

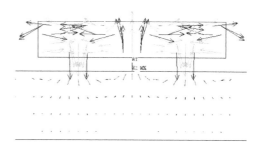

图 5-16　吸附单元和壁面磁通密度矢量图

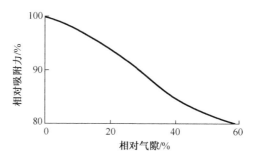

图 5-17　空气间隙和吸附力关系

(3)机械结构的动态响应和结构优化研究问题。

随着机械工程技术的发展，装备制造、交通运输、石油化工、航空航天及国防军工等对高速高精度机械装备的要求显著提高。动态响应特性是衡量这些装备质量高低的最重要的性能指标之一。机械结构的动态响应通常包括固有频率分析(即模态分析)、频谱分析和随机响应分析等。

例如，透平压缩机是石油化工、冶金、电力等部门重要的生产设备，其压缩机转子(图 5-18)在高速回转(通常高达 20000r/min 以上)时，由于制造、装配或操作不当，就会受到数值较大的周期性变化的离心惯性的作用，轴系就要产生强迫振动，进而通过轴承传递给其他机件、机身和基础，从而产生破坏。根据设计规范，压缩机转子的一阶临界转速(即结构的一阶固有频率，见图 5-19)应小于工作转速的 70%，压缩机转子的二阶临界转速(即结构的二阶固有频率，见图 5-20)应大于工作转速的 130%，如果一阶临界转速接近工作转速，造成机器长期在共振下工作，会严重影响其可靠性；因此，不同结构尺寸下，精确的固有频率计算是至关重要的。

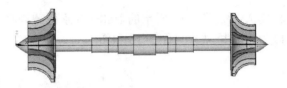

图 5-18 某型号氯气透平压缩机转子

图 5-19 一阶临界转速振型

图 5-20 二阶临界转速振型

结构优化设计的目的在于寻求既安全又经济的结构形式，而结构形式包括了关于尺寸、形状和拓扑等信息。对于试图产生超出设计者经验的有效的新型结构来说，优化是一种很有价值的工具。优化的目标通常是求解具有最小质量的结构，同时必须满足一定的约束条件，以获得最佳的静力或动力等性态特征。目前，结构优化设计的应用领域已从航空航天扩展到船舶、桥梁、汽车、机械、水利、建筑等更广泛的工程领域，解决的问题从减轻结构质量扩展到降低应力水平、改进结构性能和提高安全寿命等更多方面。

(4)机械结构的多物理场耦合分析研究问题。

多场耦合分析问题是指在一个系统中，由两个或两个以上的场发生相互作用而发生的一种现象，它在自然界或机电产品中广泛存在。例如，发动机、燃气涡轮、压力容器(热交换器)、电子设备、制冷系统等中存在的热—结构两场耦合问题；电机、变压器等中存在的热—电及热—结构两场耦合问题；压电换能器中存在的压—电耦合问题；熔化钢水在感应加热中时由于电磁搅拌产生的流体—电—磁三场耦合问题等。前面提到的离心机转鼓焊接残余应力的形成过程就是典型的热—结构两场耦合问题，高温移动热源使得局部区域熔化、凝固(包含相变过程)及之后的快速冷却，使得在焊缝及其附近区域形成不均匀的温度场，不均匀的温度场导致局部相互挤压或拉伸从而产生焊接变形和残余应力。

2. 机构的运动学/动力学分析研究问题

机构分析能完成机构内零部件的位移、速度、加速度和力的计算，也能完成机构的运动模拟及机构参数的优化。通过机构分析，可以确定机构的位置(位形)，绘制机构位置图；可以确定构件的运动空间，判断是否发生干涉；确定构件(如活塞)行程，找出上、下极限位置；确定点的轨迹(连杆曲线)；了解从动件的规律是否满足工作要求，为加速度分析做准备；加速度分析是为确定惯性做准备。

一般的 CAD 软件，如 PRO/Engineer，都具备基本的机构分析能力，但是最专业的软件主要是 ADAMS(即机械系统动力学自动分析软件)。ADAMS 软件使用交互式图形环境和零件库、约束库、力库，创建完全参数化的机械系统几何模型，其求解器采用多刚体系统动力学理论中的拉格朗日方程方法，建立系统动力学方程，对虚拟机械系统进行静力学、运动学和动力学分析，输出位移、速度、加速度和反作用力曲线。ADAMS 软件的仿真可用于预测机械系统的性能、运动范围、碰撞检测、峰值载荷以及计算有限元的输入载荷等。

例如，某国内越野摩托车品牌在分析其某型号车架的动态强度时，就是先根据越野落地时可能呈现 3 种状态：前轮先着地、后轮先着地和两轮同时着地，基于 ADAMS 软件进行落地冲击瞬间的动力学分析(图 5-21)，提取出冲击瞬间各部件瞬间作用力的变化曲线(图 5-22)，将其作为车架的载荷进行瞬态应力分析(图 5-23)并进行可靠性评定。

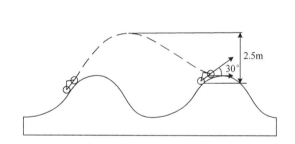

图 5-21　越野摩托车落地冲击瞬间的动力学分析

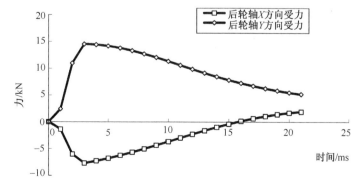

图 5-22　落地冲击瞬间后轮轮毂对后轮轴的作用力的变化曲线

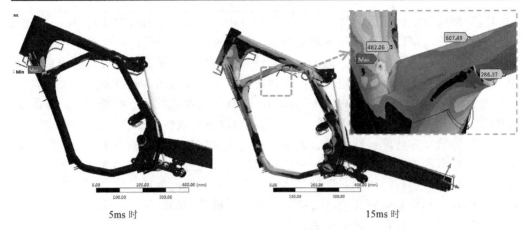

5ms 时　　　　　　　　　　　　　　　　　15ms 时

图 5-23　越野摩托车落地冲击瞬间的车架应力强度云图

5.3　机械产品工程分析研究项目选题

对于一般大学生甚至是有多年工作实践经验的工程师，机械产品工程分析研究都是很难的课题。这是因为机械产品工程分析研究要求具备比较扎实的多学科交叉知识（如静动态力学、热力学、传热学、电磁学等），能熟练运用多种计算分析工具（如Matlab、ANSYS 等有限元软件、ADAMS 等），最核心的是要求有工程意识和解决复杂工程问题的能力。但这并不意味着大学生就不能进行工程分析研究。

机械工程专业学生可以结合机械产品设计项目中存在的问题进行工程分析研究。至少可以这么理解，利用材料力学和机械设计等课程知识进行产品的设计计算就是一种工程分析研究。

机械产品工程分析研究项目选题既是设计过程，也是设计后的延续。表 5-4 给出机械产品工程分析研究项目选题示例。

表 5-4　机械产品工程分析研究项目选题示例

序号	主题	说明
1	机械产品强度分析与校核	如针对机械臂各零部件进行受力分析，并利用材料力学知识或计算手段进行应力分析、强度和刚度校核
2	机械产品的动力学特性分析与研究	如针对机械臂的设计需求（执行末端最大速度和最大加速度），基于ADAMS 运动分析，研究各大、小臂的动力学特性，所获得的惯性载荷可作为载荷进一步进行结构强度分析和总体刚度分析，确定是否满足精度等指标
3	机械产品的动态响应研究	如数控机床、金属切削机床、分离机械等的模态分析和动力学响应，据此可进行振动控制，提高动力学特性
4	机械产品的多物理场耦合分析研究问题	如换热器的热流场和结构强度耦合，加热炉的涡感加热分析，磁力机械的磁、力耦合分析
5	机械产品优化分析	基于设计需求和设计目标，原则上每一个机械产品都应该进行优化分析与设计

5.4　机械工程分析研究问题的发现方法及解决过程

在寻找正确的解决需求矛盾的措施时，首先会碰到这样的问题：工程分析研究的核心问题是什么，以及计划采取什么样的技术措施来解决核心问题。也就是如何对课题目标进行描述。对课题目标描述的准确与否，决定了研究方向的正确与否。不能想象一个研究方向不正确的课题能够取得成功。

这里便会自然地产生出如下问题。

(1)如何准确描述课题的目标？

(2)按什么方向去寻找思路？

(3)按什么标准来确定我们对课题目标的描述是正确的？

正如前面说描述的，产品设计可以有多种解决方案，缺乏某个学科的知识或某一领域的知识，都可以完成产品的设计。例如，你在设计某吸附机构时，如果你对电磁学不太懂，你完全可以采用真空吸附的方式或负压吸附的方式来解决。然而，工程分析的预测结果是唯一的,即某一实际工程结构设计(包括材料选型、结构形式、几何尺寸和使用条件等)完成后,该工程结构是怎样工作的以及其工作性能都是确定和唯一的。因此，学会准确描述课题目标以及如何寻找思路，是通向成功的正确道路。但是达到自如地运用这种方法，却需要一定的知识储备和长期的工程实践锻炼。

机械产品工程分析研究取决于是否善于运用基本的物理、数学和力学知识。注意，是运用物理学、数学和力学等知识，而不是研究物理学、数学和力学等原理、方法。一个人在着手解决高难度的工程分析研究课题时，他理应具备全部的技术知识、全部的物理知识、全部的力学知识。然而，一个人实际拥有的知识范围仅只是所需要的知识范围的极小的一部分。因此，在解决问题时，首先应当正确、及时地消化已有的资料，实现一系列顺序的行动，必须控制这些行动，使它们能导致课题的解决。如果不这样做，那么，他仍然在利用充斥了原始概念和个人(因此是偶然的)经验的尝试法。

总体来说，机械产品工程分析研究问题都有一定的物理情景，涉及一定的物理过程，要想正确解决问题，必须把有关物理内容分析清楚。解决机械产品工程分析研究的问题通常包含以下几个基本步骤。

(1)选取研究对象。

不论是力学问题、热学问题、电磁学问题还是其他问题，都有一个选择研究对象的问题。研究对象可以是一个物体，也可以是一个物体系(两个或多个相关联的组成系统)。有的物理问题始终都是一个研究对象，而有的问题在不同阶段应该选取不同的研究对象。可以说：研究对象选取的恰当与否直接关系我们解决工程分析问题的难易程度，正确选取研究对象，能够提高解决问题的准确性和效率。

(2)建立物理模型。

实际的工程分析问题，其物理现象一般都是复杂的，为了解决它，常需要忽略一些次要因素，物理模型就是忽略次要因素的产物，如质点、刚体、光滑平面、弹性碰撞等，都是理想模型。对于一个具体物理问题，在确定研究对象后，首先要考虑的就是建立怎样的物理模型。

(3)分析物理过程和状态。

状态是与某一时刻相对应的，过程则与某一段时间相对应。任何一个过程，都有一个初始状态和末端状态(还包含无数中间状态)，对于某一确定的状态，要用状态参量来描述。一个具体的工程分析问题，简单的可能只讨论某一确定的状态下各物理量间的关系，复杂的可能要涉及物理过程。而对于一个变化方向和路径都确定的物理过程，要注意分析这个过程遵循的物理规律，可能它是一个较简单的过程，始终按同一规律变化；也可能它是一个较复杂的过程，在不同阶段遵循不同的规律。对于一个始、末状态确定的物理过程，则可能存在不止一种的变化路径。对于一个物理问题，如果能把相应的状态和过程分析清楚，问题一般来说就已经基本解决了。

5.5 机械工程分析研究项目案例

5.5.1 高空作业车支腿的设计分析

高空作业车是一种将作业人员、工具、材料等通过作业平台举升到空中指定位置进行各种安装、维修等作业的专用高空作业机械，既属于专用汽车，又属于工程机械，是一种重要的施工设备，广泛应用于电力、通信、交通、市政、消防、救援、建筑等行业的施工、维护修理等作业。随着我国国民经济的蓬勃发展，高空作业车的需求量迅速上升。

高空作业车支腿是保证整车安全和稳定地运行的关键部件。高空作业车在进行高空作业时，首先要将支腿伸出，让整机质量通过副车架传递到各个支腿上，由支腿来支持整车，并调整车体水平，确保高空作业在工作状态下的安全性和稳定性。H 型支腿形式的每个支腿均有固定梁、活动梁、内套、水平油缸、垂直油缸和支脚盘，如图 5-24 所示。整个支腿部分安装在副大梁上，整车质量和载荷通过副大梁作为支撑传递给支腿，再由支腿来撑起整车。

设计支腿首先要对车子整体结构进行力学分析，主要是通过支腿副大梁这一组合结构的力学分析求出四个支腿上的支腿反力，并通过比较得出最大支腿反力。这一计算过程是整个设计的基石。支腿副大梁的受力简图如图 5-25 所示。

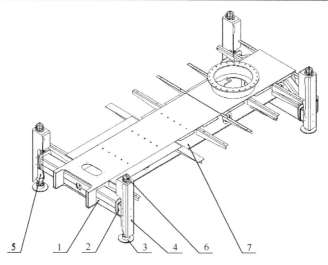

图 5-24　支腿副大梁立体结构平面图

1—支腿固定框；2—支腿活动腿；3—支腿座；4—垂直支腿罩壳；5—垂直油缸；6—灯；7—副大梁

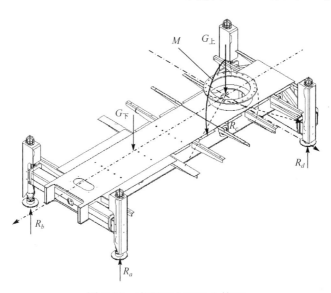

图 5-25　支腿副大梁受力简图

图 5-25 中 R_a、R_b、R_c、R_d 为四个支腿反力；回转中心处受到上车质量的向下压力 $G_上$ 和倾覆力矩 M；车子中心处受到下车重力 $G_下$ 作用。支腿副大梁的俯视平面受力情况如图 5-26 所示。其中设四个支腿的支腿反力分别为 R_a、R_b、R_c、R_d，并取垂直平面向上为正。相关的设计参数如下。

前支腿跨距：2700mm。

后支腿跨距：3300mm。

前后支腿距离：3688mm。

两后支腿连线距回转中心的垂直距离：733mm。

下车质量：4200kg。

下车中心距离回转中心：2390mm。

上车质量：2300kg。

上车相对回转中心倾覆力矩：7.6t·m。

设支腿反力 R_a 对应的支点为 A，支腿反力 R_b 对应的支点为 B，支腿反力 R_c 对应的支点为 C，支腿反力 R_d 对应的支点为 D。其中设回转中心点为 N，下车中心点为 P。

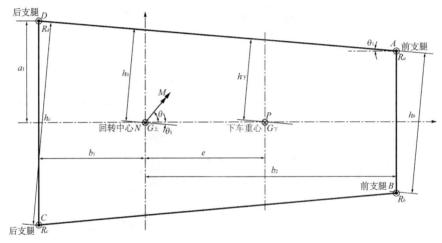

图 5-26　支腿副大梁平面受力简图

支腿副大梁相关结构参数如下。

$a_1 = 1.65\,\mathrm{m}$；　$b_1 = 0.733\,\mathrm{m}$；　$a_2 = 1.35\,\mathrm{m}$；　$b_2 = 2.955\,\mathrm{m}$；　$e = 2.39\,\mathrm{m}$；

$\tan\theta_1 = \dfrac{a_1 - a_2}{b_1 + b_2} = \dfrac{0.3}{3.688} \approx 20.2861$，　$\theta_1 = 4.65°$；

$h_c = 2a_1\cos\theta_1 = 3.2891\,\mathrm{m}$；　$h_b = 2a_2\cos\theta_2 = 2.6911\,\mathrm{m}$；

$h_0 = \left(\dfrac{a_1}{\tan\theta_1} - b_1\right)\sin\theta_1 = 1.5851\,\mathrm{m}$；　$h_{\text{下}} = \left(\dfrac{a_1}{\tan\theta_1} - b_1 - e\right)\sin\theta_1 = 1.3914\,\mathrm{m}$。

根据支腿副大梁整体的静力平衡列出以下方程。

(1)重力方向的静力学平衡。

整车质量 $G = G_{\text{上}} + G_{\text{下}}$。

地面对整车的支撑力 $F = R_a + R_b + R_c + R_d$。

所以，由 $G = F$，有

$$R_a + R_b + R_c + R_d = G_{\text{上}} + G_{\text{下}} \tag{5-1}$$

（2）力矩的静力学平衡。

取支腿副大梁结构作为研究对象，对 AD 边取力矩平衡。对 AD 边取矩时需分析的点是 C、B、N、P 点。

C 点力矩：

$$M_c = R_c h_c$$

式中，h_c 为 C 点到 AD 边距离。

B 点力矩：

$$M_b = R_b h_b$$

式中，h_b 为 B 点到 AD 边距离。

N 点力矩：

$$M_n = M\cos(\theta + \theta_1) + G_上 h_0$$

式中，θ 为回转中心力矩的矢量方向和支腿副大梁结构的对称轴的夹角，在如图 5-26 的平面内作 0°～360° 的变化，取力矩矢量方向相对于对称轴逆时针方向为正；θ_1 为 AD 边和支腿副大梁结构对称轴的夹角，取一固定正值。

P 点力矩：

$$M_p = G_下 h_下$$

根据力矩平衡得

$$R_c h_c + R_b h_b + M\cos(\theta + \theta_1) = G_上 h_0 + G_下 h_下 \tag{5-2}$$

对过点 N 且垂直于支腿副大梁对称轴的边取力矩平衡，得

$$R_c b_1 + R_d b_1 + M\sin\theta + G_下 e = R_a b_2 + R_b b_2 \tag{5-3}$$

（3）扭转平衡。

根据 AB 边相对于回转中心的扭转角和 CD 边相对于回转中心的扭转角相等。

由于先假定四个支腿的支点都不离地，即四个点都固定在同一水平面上；当回转中心受载荷时发生扭转，此处的扭转分别相对于 AB 边和 CD 边的扭转角必定是大小相等，方向相同。

CD 边的扭转角：

$$\theta_1 = (R_d - R_c)\frac{a_1 b_1}{J_{k1}}$$

式中，J_{k1} 为回转中心到后支腿段副大梁的抗扭刚度，即 $J_{k1} = GI_{p1}$。

AB 边的扭转角：

$$\theta_2 = (R_a - R_b)\frac{a_2 b_2}{J_{k2}}$$

式中，J_{k2} 为回转中心到前支腿段副大梁的抗扭刚度，即 $J_{k2} = GI_{p2}$。

故有扭转平衡方程：

$$(R_d - R_c)\frac{a_1 b_1}{J_{k1}} = (R_a - R_b)\frac{a_2 b_2}{J_{k2}} \tag{5-4}$$

在计算 J_{k1}、J_{k2} 时，需要知道相对应的截面形状尺寸，但在设计初期，可以确定截面形状，但是无法确切知道截面尺寸的，只能根据设计要求作大概的取值。根据此估计值来计算各个界面段的抗扭刚度。到后期设计出具体的截面尺寸后，再来此处回算并进行修正。

但事实上，虽然各段截面尺寸略有差异，J_{k1}、J_{k2} 的数值差异是不大的，若假设 $J_{k1} \approx J_{k2}$，对整个计算结果也不会有太大影响。故为计算方便，令 $J_{k1} \approx J_{k2}$。

则式 (5-4) 可以简化为

$$(R_d - R_c)a_1 b_1 = (R_a - R_b)a_2 b_2 \tag{5-5}$$

联立式 (5-1)、式 (5-2)、式 (5-3) 和式 (5-5)，并将各尺寸参数代入，可得四个支腿反力关于 θ 的表达式：

$$\begin{cases} R_a = 2016.1414 - 558.7119\cos(\theta + 4.65°) + 989.8239\sin\theta \\ R_b = 2006.854 + 561.3380\cos(\theta + 4.65°) + 1075.878\sin\theta \\ R_c = 1223.2934 + 1845.8185\cos(\theta + 4.65°) - 890.9346\sin\theta \\ R_d = 1253.7112 - 1848.4446\cos(\theta + 4.65°) - 1174.7673\sin\theta \end{cases} \tag{5-6}$$

式中，θ 在 $0° \sim 360°$ 变化，通过对各个角度对应的四个支腿反力的求解，找出最大支腿反力，计算结果如表 5-5 所示。

表 5-5　支腿反力初算值

$\theta/(°)$	$R_a/(\mathrm{kg \cdot f})$	$R_b/(\mathrm{kg \cdot f})$	$R_c/(\mathrm{kg \cdot f})$	$R_d/(\mathrm{kg \cdot f})$	$G_{上} + G_{F}/(\mathrm{kg \cdot f})$
0	1459.268	2566.344	3063.036	-588.649	6500
30	2051.434	3006.572	2296.271	-854.278	6500
60	2634.143	3178.927	1242.002	-555.073	6500
90	3051.259	3037.225	182.7206	228.795	6500
120	3191.016	2619.436	-597.741	1287.288	6500
150	3015.966	2037.507	-890.257	2336.784	6500
180	2573.014	1447.364	-616.45	3096.072	6500
210	1980.848	1007.136	150.3156	3361.7	6500
240	1398.139	834.7813	1204.584	3062.495	6500
270	981.0234	976.483	2263.866	2278.627	6500
300	841.2665	1394.272	3044.327	1220.134	6500
330	1016.316	1976.201	3336.844	170.6383	6500
360	1459.268	2566.344	3063.036	-588.649	6500

图 5-27 为各支腿反力随夹角 θ 的变化图。从图中可以看出，R_a、R_b 在各个 θ 对应的值均为正值，即这两个支腿自始至终承受压力所用。C、D 两个支腿在整个角度的某区域范围内出现负值，但是在某一个固定角度下，并没有出现同时有两个支腿出现负值。

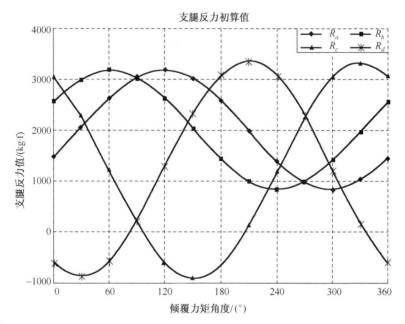

图 5-27　支腿反力初算值折线图

(1) D 支腿出现负值。

R_d 的值在 $-20° \leqslant \theta \leqslant 80°$ 时为负值，说明此时 D 点已离地，A、B、C、D 四点已不在同一水平面上，故式(5-5)已不成立。但此时毕竟还有三个支腿支撑着地面，还不至于翻倒；故可设 D 点支腿反力 $R_d = 0$，求 R_a、R_b、R_c 的值。

① 重力方向静力平衡：

$$R_a + R_b + R_c = G_上 + G_下 \tag{5-7}$$

② 对 AD 边取力矩平衡：

$$R_c h_c + R_b h_b = M\cos(\theta + \theta_1) + G_上 h_0 + G_下 h_下 \tag{5-8}$$

③ 对过点 N 且垂直于支腿副大梁对称轴的边取力矩平衡：

$$R_c b_1 + M\sin\theta + G_下 e = R_a b_2 + R_b b_2 \tag{5-9}$$

联立式(5-7)、式(5-8)、式(5-9)，并将各尺寸参数代入，可得三个支腿反力关于 θ 的表达式：

$$\begin{cases} R_a = 3526.1633 - 2824.124\cos(\theta + 4.65°) - 457.8959\sin\theta \\ R_b = 487.5297 + 2824.124\cos(\theta + 4.65°) + 2518.6334\sin\theta \\ R_c = 2486.3070 - 2060.7375\sin\theta \end{cases} \tag{5-10}$$

具体如表 5-6 所示。

表 5-6　R_d=0 的支腿反力修正值

$\theta/(°)$	$R_a/(\text{kg}\cdot\text{f})$	$R_b/(\text{kg}\cdot\text{f})$	$R_c/(\text{kg}\cdot\text{f})$	$R_d/(\text{kg}\cdot\text{f})$	$G_{\text{上}}+G_{\text{下}}/(\text{kg}\cdot\text{f})$
340	959.3945	2349.485	3191.121	0	6500
350	793.8548	2861.995	2844.15	0	6500
0	711.3349	3302.358	2486.307	0	6500
10	714.3421	3657.194	2128.464	0	6500
20	802.7851	3915.722	1781.493	0	6500
30	973.9765	4070.085	1455.938	0	6500
40	1222.715	4115.595	1161.69	0	6500
50	1541.442	4050.867	907.6905	0	6500
60	1920.475	3877.869	701.656	0	6500
70	2348.295	3601.858	549.8472	0	6500
80	2811.904	3231.219	456.8767	0	6500

(2) C 支腿出现负值。

R_c 的值在 $100° \leqslant \theta \leqslant 205°$ 时为负值，说明此时 C 点已离地，A、B、C、D 四点已不在同一水平面上，同理式(5-5)已不成立。此时可设 C 点支腿反力 $R_c = 0$，联立三个方程求 R_a、R_b、R_d 的值。

计算同上，将各尺寸参数代入，可得三个支腿反力关于 θ 的表达式：

$$\begin{cases} R_a = 487.398 - 2824.124\cos(\theta + 4.65°) + 2060.7375\sin\theta \\ R_b = 3526.2941 + 2824.124\cos(\theta + 4.65°) \\ R_d = 2486.3070 - 2060.7375\sin\theta \end{cases} \tag{5-11}$$

具体如表 5-7 所示。

表 5-7　R_c=0 的支腿反力修正值

$\theta/(°)$	$R_a/(\text{kg}\cdot\text{f})$	$R_b/(\text{kg}\cdot\text{f})$	$R_c/(\text{kg}\cdot\text{f})$	$R_d/(\text{kg}\cdot\text{f})$	$G_{\text{上}}+G_{\text{下}}/(\text{kg}\cdot\text{f})$
100	3231.089	2812.034	0	456.8767	6500
120	3877.739	1920.605	0	701.656	6500
140	4115.464	1222.845	0	1161.69	6500
160	3915.591	802.9157	0	1781.493	6500
180	3302.227	711.4657	0	2486.307	6500
200	2349.354	959.5255	0	3191.121	6500

由表 5-5～表 5-7 以及图 5-27～图 5-29 可得，各支点最大支腿反力值如下。

$R_c = 0$ ，　$\theta = 10°$ 时，　$R_{a\max} = 4115.464(\text{kg} \cdot \text{f})$ ；

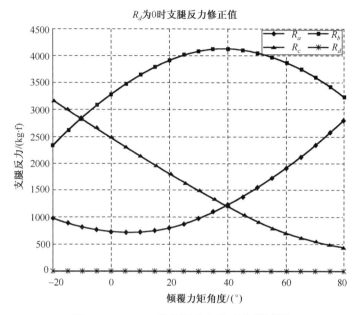

图 5-28　$R_d = 0$ 的支腿反力修正值折线图

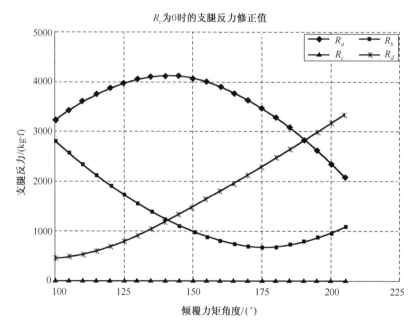

图 5-29　$R_c = 0$ 的支腿反力修正值折线图

$R_d = 0$，$\theta = 40°$时，$R_{b\max} = 4115.595 (\text{kg·f})$；

四支点均着地，$\theta = 330°$时，$R_{c\max} = 3336.844 (\text{kg·f})$；

四支点均着地，$\theta = 210°$时，$R_{d\max} = 3361.700 (\text{kg·f})$。

其中，比较 A、B、C、D 四个支点，总的最大支腿反力为 $R_{b\max} = 4115.595 (\text{kg·f})$。

有了上述受力分析，具体支腿的结构设计就不是问题了。

5.5.2　电梯逆行事故的原因分析

事故 1：2011 年 7 月 5 日早晨，在北京地铁四号线动物园站，因上行电梯突然发生设备故障而逆行，正在搭乘电梯的部分乘客出现摔倒情况，造成 1 人死亡、30 人受伤。北京市质监局公布了初步调查结果，事故的直接原因是"由于固定零件损坏，扶梯驱动主机发生位移，造成驱动链条脱落，扶梯下滑。"

事故 2：2010 年 12 月 14 日，在深圳地铁 1 号线国贸站一台上行的自动扶梯也发生逆行，造成 25 人受伤。后查明事故原因为扶梯驱动主机的固定支座螺栓松脱，1 根螺栓断裂，致使主机支座移位，造成驱动链条脱离链轮，上行扶梯下滑。

两起事故都是由固定扶梯驱动主机的零件断裂造成的，这引起了电梯公司的重视。我们团队有幸参与了某电梯公司固定扶梯驱动主机螺栓断裂的分析。

问题描述：图 5-30 为某电梯公司固定扶梯驱动主机，图 5-31 为固定扶梯驱动主机的减速箱受力简图。如图 5-31 所示，减速箱通过 4 个螺栓固定在底座上。为了保证在工作过程中，减速箱由于振动螺栓不松动，通常螺栓需要施加预紧力。8.8 级的螺栓，其屈服应力为 640MPa，根据设计标准，通常施加的预紧力达到螺栓的屈服强度的 50%～60%。而此减速箱的工作载荷引起的螺栓应力在螺栓屈服强度的 10%波动。因此，正常情况下螺栓不应该断裂，也不应该松动。核心需要解决的问题就是螺栓断裂的原因分析。通常，减速箱和底座通过螺栓连接时，减速箱连接位置是需要锪平的，如图 5-32 所示。或许是为了节省工序，实际加工和装配过程中，减速箱连接位置未锪平，或锪平后平行度未达要求，使得连接如图 5-33 所示。那么是否就是由于未锪平或锪平后平行度未达要求导致螺栓的断裂呢？这需要进一步分析与计算。

研究对象是明确的，受力分析时研究对象考虑为减速箱。通过减速箱的受力分析，可以获得螺栓的受力情况，这里不再赘述。螺栓断裂分析的研究对象是螺栓。为了建立螺栓失效分析的物理模型，先利用简单的假设模型进行分析估算。忽略次要因素，基本假设如下：①认为螺栓为光杆试样，即不考虑螺纹根部局部的应力集中效应；②在具体未锪平的斜度下，螺栓头在预紧力作用下紧密贴合；③减速箱和连接件假设为刚体，仅螺栓是变形体；④材料力学的小变形、线弹性、纯弯曲假设均成立。

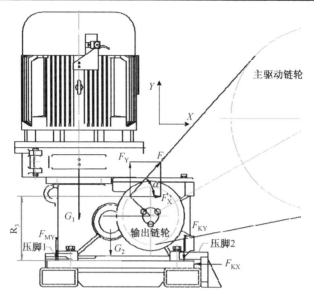

图 5-30　某电梯公司固定扶梯驱动主机

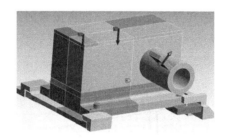

图 5-31　驱动主机的减速箱模型及受力简图

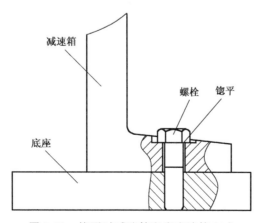

图 5-32　锪平时减速箱和底座连接方式

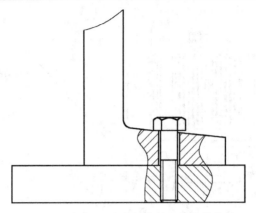

图 5-33　未锪平时减速箱和底座连接方式

　　在这样的基本假设下，基于材料力学的知识可以知道锪平情况下，螺栓仅受单轴纯拉伸应力状态。此时，在预紧力和工作载荷作用下，螺栓的拉应力为

$$\sigma_L = \frac{F}{A} = \frac{4F}{\pi d_1^2} = \frac{4F}{\pi d_1^2} \tag{5-12}$$

式中，d_1 为螺栓内径；F 为实际的工作载荷(包含预紧力)。

　　在未锪平的情况下，假设螺栓头在工作载荷作用下紧密贴合，此时应力状态是典型的拉弯组合变形，如图 5-34 所示。

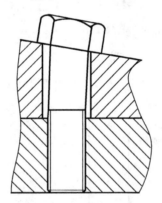

图 5-34　未锪平情况下的螺栓连接

根据材料力学梁弯曲理论，对于纯弯曲应力状态，中性层曲率 $\dfrac{1}{\rho}$ 的表达式可写为

$$\frac{1}{\rho} = \frac{M}{EI_z} \tag{5-13}$$

式中，M 为弯矩；E 为弹性模量；I_z 为横截面对中性轴 z 的惯性矩。

直梁在纯弯曲时横截面外表面的最大正应力可写为

$$\sigma_w = \frac{M}{W_z} \tag{5-14}$$

式中，W_z 为抗弯截面模量，$\frac{I_z}{W_z} = \frac{d_1}{2}$。将式 (5-13) 代入式 (5-14)，可得

$$\sigma_w = \frac{Ed_1}{2\rho} \tag{5-15}$$

根据几何关系，考虑到螺栓头紧密贴合斜面(不妨假设斜面与水平面的夹角为 φ，单位为°)，可得

$$\frac{1}{\rho} = \frac{\pi}{l} \cdot \frac{\varphi}{180} \tag{5-16}$$

式中，l 为螺栓根部到螺牙咬合端部的距离。

联合式 (5-15) 和式 (5-16)，可得

$$\sigma_w = \frac{EI_z}{W_z} \cdot \frac{1}{\rho} = \frac{EI_z}{W_z} \cdot \frac{\pi}{l} \cdot \frac{\varphi}{180} = \frac{Ed_1\varphi}{2l} \cdot \frac{\pi}{180} \tag{5-17}$$

拉伸应力和弯曲应力叠加后，可以得到螺栓表面的最大应力为

$$\sigma_t = \sigma_l + \sigma_w \tag{5-18}$$

另外，可定义弯曲应力和拉伸应力之比 R 为

$$R = \frac{\sigma_w}{\sigma_l} \tag{5-19}$$

根据减速箱的受力分析和规范中预紧力的规定，最危险螺栓的工作载荷为 $F=78622\text{N}$，螺栓根部到螺牙咬合部的距离 $l=40\text{mm}$，M20 螺栓螺牙根部的小径 $d_1=17.3\text{mm}$，碳钢的弹性模量 $E=200\text{GPa}$。基于上述公式可以计算得到相应的应力结果，如表 5-8 所示。

表 5-8　拉弯组合变形下的应力结果

应力及应力比 $\varphi/(°)$	0.5	1	1.5	2
σ_l/MPa	334.5	334.5	334.5	334.5
σ_w/MPa	377.4	754.9	1132.3	1509.7
$\sigma_l+\sigma_w$/MPa	711.9	1088.4	1466.8	1844.2
$R=\sigma_w/\sigma_l$/MPa	1.13	2.26	3.39	4.52

从表 5-8 可以看出，随着未锪平斜度的增加，工作载荷引起的弯曲应力大幅度提高；2°拔模斜度情况下的弯曲应力是纯拉伸时应力的 4.52 倍。

基于常规计算，假设考虑 1.5 倍安全系数(通常安全系数是考虑应力集中的影响，

对于高强度钢，随着强度的增加通常塑性性能降低，因此需要适当提高安全系数值）和 640MPa 的螺栓屈服应力，锪平（理想状况）情况下能满足强度条件，φ=0.5°的未锪平斜度下螺栓已经不能满足强度条件。但值得注意的是，在上述公式推导中，"螺栓纯粹刚性地弯曲成理想圆弧形，圆弧角为拔模斜度角"的这一假设可能与实际有所偏差，实际中由于两个接触面会有柔性变形，也不可能紧密贴合，故应力会小一些。

　　上述是简化的计算，如果掌握了有限元分析手段，可以进一步进行详细的理论仿真。详细的有限元仿真单元网格见图 5-35。

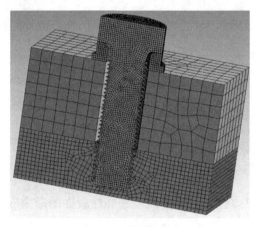

(a) 锪平

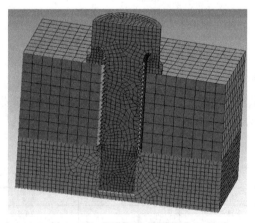

(b) 未锪平，2°斜度

图 5-35　有限元网格图

　　图 5-36 是锪平情况下螺栓表面区域的 von-Mises 应力（第四强度等效应力）云图，图 5-37 是未锪平（2°斜度）情况下螺栓表面区域的 von-Mises 应力（第四强度等效应力）云图。图中都表明未锪平斜度下螺栓已经不能满足强度条件。

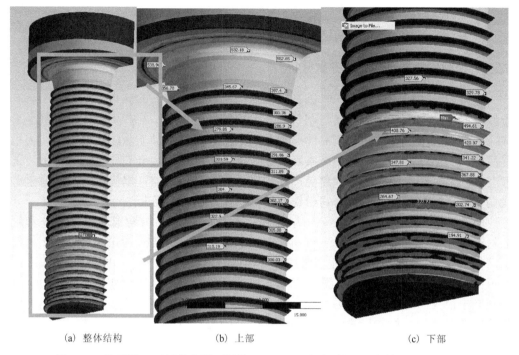

(a) 整体结构　　　　　　　(b) 上部　　　　　　　　(c) 下部

图 5-36　锪平情况下螺栓表面区域的 von-Mises 应力(第四强度等效应力)云图

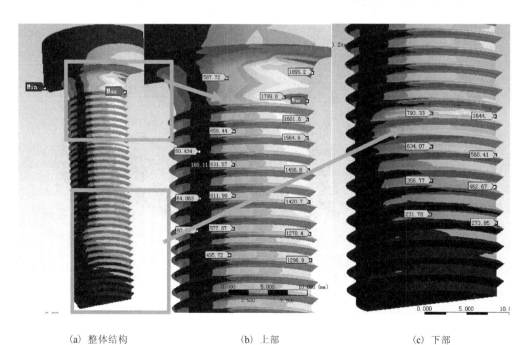

(a) 整体结构　　　　　　　(b) 上部　　　　　　　　(c) 下部

图 5-37　未锪平(2°斜度)情况下螺栓表面区域的 von-Mises 应力云图

问题原因已经分析清楚：未锪平斜度是螺栓失效的根本原因，建议在斜面上锪孔，并保证合适的平行度，以消除螺栓弯曲应力，即可解决存在的问题。

5.5.3 带铜嵌件塑料制品的开裂分析

塑料制品在加工过程中，常因某些因素的影响造成制品的应力开裂。对于含有金属镶嵌件的制品，由于金属与塑料的热胀冷缩性能不同，易产生内应力，甚至形成应力开裂。带镶嵌件塑料制品的应力开裂是影响塑料制品质量的主要因素，为了提高产品的质量，必须根据生产实际，在正确分析产生应力开裂原因的基础上，采取有效的措施和手段，减小和避免产品内应力对制品的影响，以提高产品的质量。我们参与了某办公设备制造公司带镶嵌件塑料制品的开裂分析。

问题描述：如图 5-38 所示，一塑料制品采用 PP 材料，内含铜镶嵌件。PP 和铜的材料属性如表 5-9 所示，由表可知，PP 的热膨胀系数大约为铜的 7 倍。PP 材料的熔化温度为 220~275℃，注塑时注塑件和铜镶嵌件同时冷却，由于 PP 的收缩远大于铜的收缩量，当冷却至室温 25℃时，注塑件与铜镶嵌件接合处(特别是边角处)将会产生很大的内应力，极易引起开裂。开裂的原因很清楚，核心需要解决的问题就是应该采用何种结构形式降低注塑件边角处的内应力，以避免开裂。

 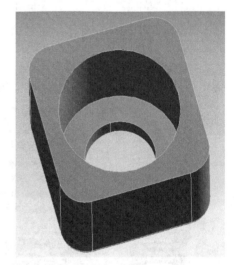

(a) 整体结构   (b) 铜镶嵌件

图 5-38 原带镶嵌件塑料制品模型

表 5-9 PP 和铜的材料属性

材料名称	弹性模量/MPa	泊松比	热膨胀系数/℃
PP	1000	0.38	120×10^{-6}
铜	1.1×10^5	0.35	18×10^{-6}

　　研究对象是含铜镶嵌件的塑料件。由于结构是对称的，取 1/2 模型进行分析。图 5-39 为含铜镶嵌件的塑料件从 220℃冷却到常温后的应力分布图，有限元分析结果可以看出，注塑件与铜镶嵌件接合处(底部角点)的应力最大，其等效应力超过 PP 的许用应力(大约 60MPa)。

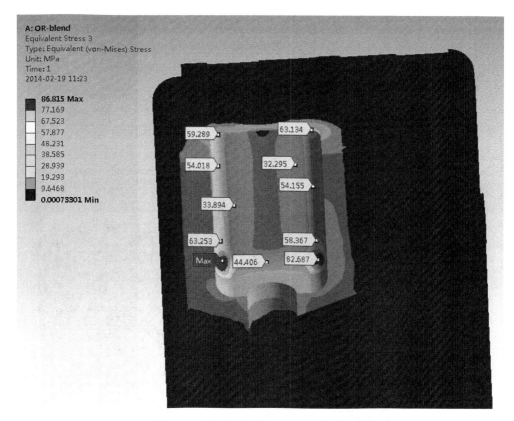

图 5-39　原注塑件的 von-Mises 应力云图

　　从仿真结果来看，注塑件与铜镶嵌件接合处(底部角点)应力大的原因就是三个平面交接导致的应力集中。为了降低注塑件的内应力，重点应该通过结构改变消除或减轻局部的应力集中现象。因此，基于分析结果，对该塑料制品的铜镶嵌件进行改进——取消注塑件与铜镶嵌件的底部结构，同时为了保证注塑件具有一定的拉脱力，在铜镶嵌件上加工 4 个内嵌孔，注塑后注塑件将充填此内嵌孔，具体改进结构如图 5-40 所示。

　　改进后的分析结果如图 5-41 所示，可以看出，注塑件与铜镶嵌件接合处(包括边角处)的应力已经大幅度降低，最大应力仍然发生在边角底部，但最大应力的范围比原来模型减小很多，其最大应力值为 49.2MPa 小于 PP 的许用应力(约 60MPa)。

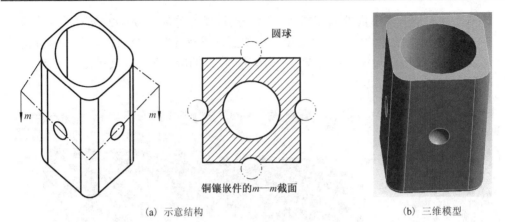

(a) 示意结构　　　　　　　　　　　　　　　　(b) 三维模型

图 5-40　改进后的铜镶嵌件模型

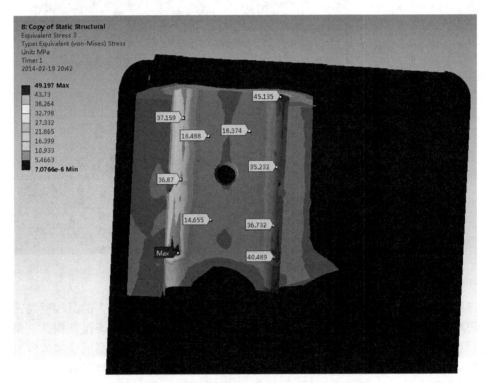

图 5-41　改进后注塑件的 von-Mises 应力云图

第6章 机械产品样机制造实践

6.1 引　　言

在全球化的背景下，企业之间的竞争日益加剧，在产品开发中任何一个环节稍有落后，就可能被竞争者超越，甚至被淘汰出局。更低的产品开发成本、更短的产品开发周期、更高的产品质量，永远是企业追求的最高境界。因此，机械工程师在产品开发阶段就应全面考虑产品制造和装配的需求，同时与制造和装配团队密切合作，通过减少产品设计修改、减少产品制造和装配错误、提高产品制造和装配效率，从而达到降低产品开发成本、缩短产品开发周期、提高产品质量的目的。

机械产品样机制造实践既是机械工程专业学生设计项目实践的重要环节，也是获得在产品设计过程中考虑制造成本、工艺和装配要求的经验及能力的重要载体。

机械产品样机制造实践是机械工程专业学生在机械产品设计项目实践过程完成了详细设计，或进一步通过工程分析完成了优化设计，综合考虑制造成本、周期和质量等因素，开展实物样机制造规划、加工制作以及性能测试等工作，验证和完善产品设计方案，获得满足设计需求的实物样机。

机械产品样机制造实践的目标如下。

(1)理解产品设计过程中全面考虑制造成本、工艺和装配要求的必要性，并获得一定的经验和能力；

(2)掌握机械产品样机制造中的流程规划、加工制作及性能测试等基本方法和技能。

6.2　机械产品样机制造概述

在完成产品设计和制造工艺准备以后，机械产品不能立刻投入批量生产。产品的原理、结构及制造工艺设计是否合理，在期望的成本范围内能否达到预期的功能和性能，需要通过试验才能得到验证。因此，新研制的产品或改进的老产品在批量生产前，必须开展产品试制。产品试制的目的是通过试制一台或若干台样品，对产品系统进行全面性能试验，对重要的零部件进行强度、可靠性和寿命等试验，验证产品的功能和性能。由于有些零部件在设计过程中不可能进行精确计算，必须通过实物试验来验证理论计算的准确程度。通过整机和零部件的各种试验，找出设计工作中的错误和缺陷，通过修改图纸以改进和提高产品的结构和性能。产品试制过程中还要为制造工艺准备积累有关资料，如通过产品试制了解制造过程中的难点，如哪些工序易出废品，哪些工序辅助时间太长，生产率不高等，并对产品结构的工艺性进行检查。

　　产品试制过程产生的非正式产品就是样机，样机是关于工程对象系统或它的某些关键组成部分的试验系统。目前，样机通常作为产品设计过程中的一部分，它允许工程师和设计人员在批量生产新产品之前评价设计方案、验证设计原理，并确认产品性能。有些样机用于确认用户对产品设计的需求，有些样机是为了验证特定设计的性能和可行性。一般来说，样机都有这样或那样的不尽如人意的缺陷或瑕疵，通过对不同阶段样机的分析和试用，不断修正完善产品的设计。

　　样机的制造过程和正式产品制造过程一样，同样要经过产品结构分析、生产策划、工艺规划、设备工装准备、加工装配、零件检测和性能测试等生产环节，要求相关人员具备产品结构分析能力、工艺设计能力、加工制造能力和工程管理能力。典型的样机制造过程如图 6-1 所示。

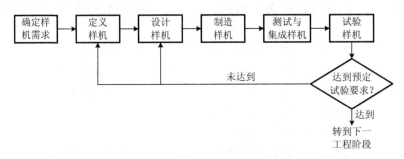

图 6-1　典型样机制造过程

6.2.1　样机的分类

　　传统的样机都是实物制作模型，如表现产品外观形貌的实物模型、关注用户与产品互动的用户体验模型、体现设计原理的原理验证性样机和与批量生产对接的工作样机等。

　　外观模型忽略了产品的功能性体现，也不考虑诸如颜色、表面光泽度或纹理等表面形貌特点，它服务于设计人员和协同设计者体验产品的基本尺寸、外观和感受，是设计人员评价决策产品的人机因素和环境条件等方面的重要依据。这种原型通常利用聚氨酯泡沫或油泥等容易成形、价格低廉的材料，通过手工方式制作。它的特点是高效性和表现的真实性。

用户体验模型关注用户与产品互动过程中对产品的体验，其在尺寸、性能、界面等设计理念的应用转化方面都更逼近最终产品。这类模型可以尽早评估潜在的用户需求及各种因素相互之间的影响。这类原型产品要接受使用和操作，因此要求有更强的稳健性结构。用户体验原型一般采用 CAID/CAD 技术，通过快速原型加工或数控加工的方式完成产品。

一些重要的复杂产品，如汽车、航空航天装备等，在完成定型设计和实施批量生产前，还需要制造原理性验证样机和功能样机。原理性验证样机，可以视为一种设计方法的延伸，它不考虑产品的合理外形，从机电产品的运动学、动力学性能以及系统结构的可行性和现实性等方面研究或评价产品最终的合理设计。这种样机在方案设计阶段非常重要。如图 6-2 所示的探月车和如图 6-3 所示的无碳小车均为原理性验证样机。功能样机，也称为工作样机，全面仿真最终的设计、产品的美学特征、产品设计所要求的材料和功能性。有时为了降低成本，工作样机的尺寸可以成比例缩小。高性能复杂产品在最终批量生产前，一定要制作全功能全尺寸原型机，并对设计要求进行全面的最终测试，以便最终检验设计缺陷和改进产品[19]。如图 6-4 所示的新车的概念车即功能样机。

图 6-2　探月车

近年来，随着计算机技术和仿真技术的迅速发展，虚拟样机技术得到快速发展。虚拟样机制造技术能够帮助概念设计、工程和制造部门在产品成形前以虚拟方式研究整个产品。通常虚拟样机有两种不同的定义方法：一种是虚拟原型设计（virtual prototype，VP），基于计算机图形学，利用虚拟现实技术对产品进行生命周期模拟，以替代或精简物理样机；另一种是数字化模型（digital mock-up，DMU），从机械设计及制造角度出发，通过计算机技术对产品的运动、轨迹等各参数进行设计、分析与仿真，以替代或精简物理样机的测试。图 6-5 表现了常见各类样机的形式。

图 6-3　无碳小车实物图（原理性验证样机）

图 6-4　新车概念车（功能样机）

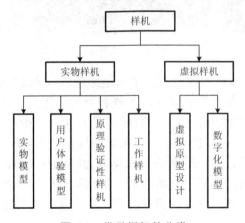

图 6-5　常见样机的分类

6.2.2　样机制造生产的特点及作用

样机制造作为设计验证的一个环节，其生产具有与批量生产或最终产品生产所不同的生产特点，具体如下。

(1)针对样机的不同用途，制作样机的材料选择原则是容易加工、成本低廉。原理性样机的选材尽量采用型材或焊接件以提高生产效率；体现产品外形设计概念的样机一般采用容易成形、可多次使用的材料，如展示汽车外观的油泥模型和聚氨酯泡沫；工作样机一般采用与设计要求一致的材料，因为工作样机既要展示产品的外观，又要通过检测和应用体验体现产品真实的性能。

(2)样机的制造工艺常采用替代工艺。如冲压件落料、冲孔、修边工序，通常用万能方法，较少设计制造专用的模具用于冲压、成形加工，即使必须制作模具，往往也是采用碳钢为主的模具替代材料，既降低了模具的加工难度，也降低了材料成本。

(3)样机制造过程更多地选择手工制造方式，以通用的工具作为样机零件加工检测、部件组装的模式。如焊/铆夹具多为手动简易模式，总成装配多为万能工具，几乎不配置专用检具，以直尺、卡尺、三坐标等万能检具检测为主。

样机制造的作用主要有以下几点。

(1)检验结构设计：样机制作可以验证结构设计是否满足预定要求，如结构的合理与否、安装的难易程度、人机学尺度的细节处理等。

(2)降低开发风险：通过对样机的检测，可以在开模具之前发现问题并解决问题，避免开模具过程中出现问题，造成不必要的损失。

(3)快速推向市场：根据制作速度快的特点，很多公司在模具开发出来之前会利用样机做产品的宣传、前期的销售，快速把新产品推向市场。

6.2.3　样机制造对产品开发的意义

样机制造是复杂产品开发过程中一个重要环节，它对产品的生产既有正面的意义也有一定的负面影响。

样机制造的积极意义如下。

(1)样机制造可以验证产品设计方案的可行性和产品开发的必要性，以便吸纳投资。

(2)样机能使用户在正式产品面世前提前了解产品的外观和性能。

(3)样机有助于从用户的角度快速反馈对产品的评价，是用户和生产商积极交流和沟通的有效平台。

(4)通过样机的制造，可以确定并改进影响产品成本的关键环节，以降低批量生产成本。

(5)样机制造有助于了解需求分析、概念设计等早期活动中存在的问题，及时改善与开发系统相关的潜在风险。

样机制造的负面效应如下。

(1)样机的制造会减慢开发进程，增加开发成本。

(2)针对不同目的制作样机并不能满足所有的要求，原理性样机无法用于评价产品的外观，工程样机也无法评价产品加工工艺的成熟性。

(3)用户针对工程样机会提出很多建议，但这些建议并不一定全部在最终产品上得到体现，这会引起用户的不满。

6.3　实物样机制造的流程规划

样机制造和产品生产一样，同样需要根据样机制作的目的、样机产品的特点、样机产品复杂程度以及进度要求等制订生产规划，对制作的准备状态进行全面系统的检查，对开工条件做出评价，明确制作要求和关键环节，以确保样机能保质、保量、按期交付并规避风险。

样机制作，尤其是工程样机的制造，既为用户提供可体验的仿真产品，也为生产商提供批量生产的工艺经验。因此，在样机制作时必须对试制过程、生产准备状态检查、工艺路线和生产质量实施有效地控制，并根据样机特点列出检查项目清单，记录检查结果，对存在的问题制订纠正措施并进行跟踪，以保证整个样机制造的全面性、系统性和有效性。

为确保正式生产中的生产布局、工艺过程、质量控制具有可行性，从理论上说，样机制造应采取与正式生产过程一致的流程。然而，受成本、进度、周期等因素的局限，实际的样机制造生产过程，往往与正式产品生产存在一定的差异，特别是在每个过程环节上两者会略有差异。例如，实际产品会最大程度地选择标准件和成熟的功能部件，工程样机考虑到生产效率会在允许的情况下将部分零件组合用一个零件替代，批量生产可以通过成熟工艺降低零件材料和加工的成本，但在样机制造中可能采用快速原型制造工艺，采用不同于最终产品选用的材料和加工工艺方法[20]。但尽管如此，生产过程管理应该基本保持一致。从大的阶段划分，样机制造生产管理应该包括产品图纸审核、工艺过程规划、制订过程流程图、准备操作指导书并进行质量和生产计划的控制，如图6-6所示。

6.3.1　样机制造过程分析

当确定开始制造样机时，分析样机制造过程是必不可少的环节。样机制造和产品批量制造不同，一般只是单件或极少批量的制造，因此样机制造过程分析与批量产品制造过程既有相似之处，也有明显不同的地方。样机的制造过程大致上可以分为设计文件准备、试制计划制订、加工准备、生产实施、性能检测等主要环节。

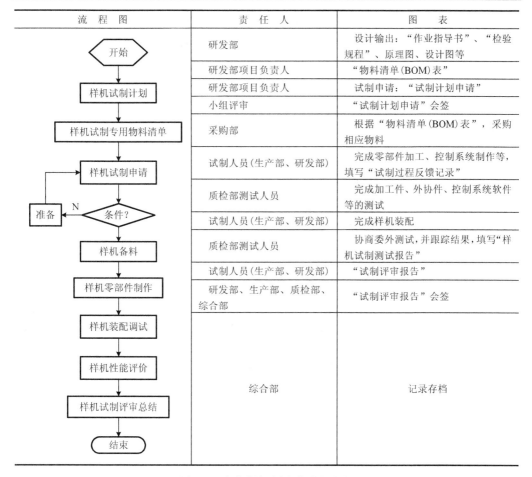

流　程　图	责　任　人	图　表
开始	研发部	设计输出："作业指导书"、"检验规程"、原理图、设计图等
样机试制计划	研发部项目负责人	"物料清单(BOM)表"
	研发部项目负责人	试制申请："试制计划申请"
	小组评审	"试制计划申请"会签
样机试制专用物料清单	采购部	根据"物料清单(BOM)表"，采购相应物料
样机试制申请	试制人员(生产部、研发部)	完成零部件加工、控制系统制作等，填写"试制过程反馈记录"
条件?　准备 N	质检部测试人员	完成加工件、外协件、控制系统软件等的测试
	试制人员(生产部、研发部)	完成样机装配
样机备料	质检部测试人员	协商委外测试，并跟踪结果，填写"样机试制测试报告"
样机零部件制作	试制人员(生产部、研发部)	"试制评审报告"
	研发部、生产部、质检部、综合部	"试制评审报告"会签
样机装配调试		
样机性能评价	综合部	记录存档
样机试制评审总结		
结束		

图 6-6　实物样机制造的流程规划

设计文件准备是所有样机开始制造前必需的前提，样机制造过程是将产品设计付诸实现的过程，设计文件是制造的依据。设计文件一般包括产品设计说明书、产品结构图纸、控制原理图(包括电路、气路、油路等)、程序流程图、材料清单(BOM)等。

样机制造的试制计划是根据产品开发周期对试制的进度要求，规划试制过程的工作内容和进度计划，主要包括确定生产周期、编制总日历计划、编制详细生产作业计划等。

加工准备阶段包括在了解生产环境和设施的情况下制订样机构成零部件的加工工艺方案、确定加工设备和工艺装备、配备加工和装配人员并且确定零部件加工质量的检测工具和样机装配后的性能检测方案。

生产实施是整个样机制造过程中的核心环节，主要包括加工设备的选型准备、样机的零部件材料选用、零部件的加工、样机装配等主要环节。

样机制造的主要目标是协助设计人员及其他协同设计人员开展产品性能评估，因此对制作完成的样机进行性能检测是试制阶段的重要任务。样机的外形、结构也许和最终产品的表现形态不尽相同，但样机的功能和性能必须是最终产品的真实体现。

6.3.2 产品设计确认

产品在试制之前应进行产品设计的确认。对产品的设计文件和有关目录应列出清单，其正确性、完整性应符合有关规定和产品试制要求。设计文件应经过三级审签(校对、审核、批准)，并按规定完成工艺性审查、标准化审查和质量会签，只有审签合格的设计才能进行样机制造。

另外，对复杂产品应进行特性分类，编制关键件、重要件项目明细表，并在产品技术文件和图纸上做出相应的标识。

6.3.3 样机工艺准备与工艺性审查

在样机试制阶段，由于还不可能编制全部工艺文件和研制工艺装备，但为了保证样机的制造质量，必须对样机的关键工艺和工艺装备进行研究和试制，开展工艺准备工作工艺准备工作的主要内容包括：产品图纸的工艺性分析和审查；拟定工艺方案；编制工艺规程；设计与制造工艺装备等。

工艺准备的主要任务是设计出能保证产品制造质量、高效、低成本地制造产品的工艺过程，制订试制和批量生产所需要的工艺文件，设计制造所需的工艺装备。工艺准备工作的要求如下：

(1)保证毛坯制造、零部件加工及产品装配满足所规定的技术条件；

(2)消耗最少的人力和物力成本；

(3)充分利用设备，克服薄弱环节；

(4)采用先进的生产组织形式；

(5)缩短工艺准备周期，降低工艺准备费用。

样机的工艺性审查就是对产品结构工艺性进行分析审查，从工艺角度检查结构是否合理和经济，其主要内容包括：

(1)产品的结构是否与生产模式相适应；

(2)结构设计是否充分利用工艺标准；

(3)零件的形状尺寸和配合是否合适；

(4)所选用的材料是否适宜；

(5)产品的零件制造与装配是否方便；

(6)零部件在现有设备、技术工人等条件下的加工可能性；

(7)零部件外协加工或采购的成本可行性。

样机的工艺性审查必须按严格的程序进行，所有图纸只有在工艺审查完毕和批准之后才能开始制造。在产品试制之前，必须保证做到以下几点(表6-1)：

(1) 制订样机的工艺总方案并经过评审；

(2) 工艺文件配套齐全，并进行标准化审查；

(3) 识别关键件、重要件、关键过程及特殊过程，在相应的工艺文件中制订明确的质量控制要求；

(4) 检验或试用检定所需工艺装备，并具有合格证明；

(5) 配备检定有效期内的相应检验、测量和试验设备。

表 6-1　生产准备状态检查单

序号	检查项目及内容	检查结果		存在问题	检查人
		合格	不合格		

6.4　样机的加工制作

新产品在完成样机设计以后，必须经过样机的试制，才能进入小批试制和批量生产。新产品试制是检验产品设计和产品的制造质量，使它符合要求，避免造成人力、物力和财力的浪费。样机试制的目的在于检验和校正产品的结构和性能。

样机的试制一般来说就是严格按照设计图纸的要求，制造出合格的 1~2 台样机。在产品特征方面，产量少，样机产品种类繁多，零件重复性差；零件之间没有互换性，广泛采用钳工进行装配；毛坯方面，铸件一般用木模手工制造，锻件用自由锻，毛坯精度低。样机加工一般设备投资较少，生产效率较低，生产成本较高，对工人技术要求较高[21]。

6.4.1　物料清单

物料清单（Bill of Material，BOM）是详细记录一个项目所用到的所有下阶材料及相关属性，亦即母件与所有子件的从属关系、单位用量及其他属性。采用计算机辅助企业生产管理，首先要使计算机能够读出企业所制造的产品构成和所有要涉及的物料，为了便于计算机识别，必须把用图示表达的产品结构转化成某种数据格式，这种以数据格式来描述产品结构的文件就是物料清单。它是定义产品结构的技术文件，因此，它又称为产品结构表或产品结构树。在 ERP 系统要正确地计算出物料需求数量和时间，必须有一个准确而完整的产品结构表，来反映生产产品与其组件的数量和从属关系。在所有数据中，物料清单的影响面最大，对它的准确性要求也相当高。

即使在不采用 ERP（Enterprise Resource Planning）系统的企业，物料清单也是至关重要的。物料清单是接收客户订单、选择装配、计算累计提前期、编制生产和采购计划、配套领料、跟踪物流，追溯任务、计算成本、改变成本设计不可缺少的重要文件，上述工作涉及企业的销售、计划、生产、供应、成本、设计、工艺等部门。因此，也有这种说法，物料清单不仅是一种技术文件，还是一种管理文件，是联系与沟通各部门的纽带。

物料清单充分体现了数据共享和集成，是构成 ERP 系统的框架，它必须高度准确。所以说，要使 ERP 运行好，必须要求企业有一套健全、成熟的机制，来对物料清单建立、更改进行维护，从另一个角度说，对物料清单更改进行良好的管理，比对物料清单建档管理还重要，因为它是一个动态的管理。

1. 物料清单与零件明细表的区别

物料清单同我们熟悉的产品零件明细表是有区别的，主要表面在以下方面。

(1)物料清单上的每一种物料均有其唯一的编码，即物料号，十分明确所构成的物料。一般零件明细表没有这样严格的规定。零件明细表附属于个别产品，不一定考虑到整个企业物料编码的唯一性。

(2)物料清单中的零件、部门的层次关系一定要反映实际的装配过程，有些图纸上的组装件在实际装配过程中并不一定出现，在物料清单上也可能出现。

(3)物料清单中要包括产品所需的原料、毛坯和某些消耗品，还要考虑成品率。而零件明细表既不包括图纸上不出现的物料，也不反映材料的消耗定额。物料清单主要用于计划与控制，因此所有的计划对象原则上都可以包括在物料清单上。

(4)根据管理的需要，在物料清单中把一个零件的几种不同形状，如铸锻毛坯同加工后的零件、加工后的零件同再油漆形不同颜色的零件，都要给予不同的编码，以便区别和管理。零件明细表一般不这样处理。

(5)什么物料应挂在物料清单上是非常灵活的，完全可以由用户自行定义。例如，加工某个冲压件除了原材料钢板，还需要一个专用模具。在建立物料清单时，就可以在冲压件下层，把模具作为一个外购件挂上，它同冲压件的数量关系，就是模具消耗定额。

(6)物料清单中一个母件子属性的顺序要反映各子件装配的顺序，而零件明细表上零件编号的顺序主要是为了看图方便。

表 6-2 列出了具体物料清单与零件明细表的区别。

表 6-2　物料清单与零件明细表的区别

对比项	零件明细表	物料清单
零件顺序	绘图方便，不严格	实际加工装配顺序和层次
内容	限图纸上表达的零件	与产品有关的一切物料
材料定额	不表示	包含在采购件的用量中
零件编码	面向单个产品，唯一性也严格	面向全企业产品，考虑到唯一性
性质	技术文件	管理文件

2. 制作 BOM 表要求

ERP 系统本身是一个计划系统，而 BOM 表是这个计划系统的框架，BOM 表制作质量直接决定 ERP 系统运行的质量。因此，BOM 表制作是整个数据准备工作重中之重，要求之高近乎苛刻，具体要求有以下两方面。

（1）覆盖率：对于正在生产的产品都需要制作 BOM 表，因此覆盖率要达到 99% 以上。因为没有产品 BOM 表，就不可能计算出采购需求计划和制造计划，也不可能进行套料控制；

（2）及时率：BOM 表的制作更改和工程更改都需要及时，BOM 表必须在 MRP 之前完成，工程更改需要在发套料之前。这有两方面的含义：①制作及时；②更新及时。且这二者要紧紧相扣，杜绝"二张皮"。

（3）准确率：BOM 表的准确率要达到 98% 以上。测评要求为：随意拆卸一件实际组装件与物料清单相比，以单层结构为单元进行统计，有一处不符时，该层结构的准确度为 0。

3. 产品样机的常用 BOM 表

不同企业根据自身企业从事的行业特点和企业的需求，有不同的 BOM 表风格。表 6-3 为某企业的部件 BOM 表。

表 6-3　部件 BOM 表样例

企业 LOGO		编制		更改记录			部件描述	
		授权					用于 XX	
		日期						
部件名称			部件编号					
序号	件号	单位	数量	名称			备注	
1	XAA 386 ZS 1	件	4	板件			加工件	
2	ECMA-C206-02	件	2	伺服电机			外购件	
3	GB1228/M16*100	件		高强度大六角头螺栓			标准件	
⋮	⋮	⋮	⋮	⋮			⋮	

6.4.2　样机加工的基本加工手段

样机加工在产品工艺特征方面主要采用试切法、划线找正加工法等，加工过程中要求简单的工艺路线（流程）卡[22]。

1. 工艺路线（流程）卡

在样机制造过程中，那些与原材料转变为产品直接相关的过程称为工艺过程。它包括毛坯制造、零件加工、热处理、质量检验和机器装配等。而为保证工艺过程正常进行所需要的刀具、夹具制造，机床调整维修等则属于辅助过程。在工艺过程中，以机械加工方法按一定顺序逐步地改变毛坯形状、尺寸、相对位置和性能等，直至成为合格零件的那部分过程称为机械加工工艺过程。

技术人员根据产品数量、设备条件和工人素质等情况，确定采用的工艺过程，并将有关内容写成工艺文件，这种文件就称为工艺规程，简单地称为工艺路线卡。

为了便于工艺规程的编制、执行和生产组织管理，需要把工艺过程划分为不同层次的单元。它们是工序、安装、工位、工步和走刀。其中工序是工艺过程中的基本单元。零件的机械加工工艺过程由若干个工序组成。在一个工序中可能包含有一个或几个安装，每一个安装可能包含一个或几个工位，每一个工位可能包含一个或几个工步，每一个工步可能包括一个或几个走刀。

(1)工序：一个或一组工人，在一个工作地或一台机床上对一个或同时对几个工件连续完成的那一部分工艺过程称为工序。划分工序的依据是工作地点是否变化和工作过程是否连续。例如，在车床上加工一批轴，既可以对每一根轴连续地进行粗加工和精加工，也可以先对整批轴进行粗加工，然后再依次对它们进行精加工。在第一种情形下，加工只包括一个工序；而在第二种情形下，由于加工过程的连续性中断，虽然加工是在同一台机床上进行的，但却成为两个工序。

工序是组成工艺过程的基本单元，也是生产计划的基本单元。

(2)安装：在机械加工工序中，使工件在机床上或在夹具中占据某一正确位置并被夹紧的过程，称为装夹。有时，工件在机床上需经过多次装夹才能完成一个工序的工作内容。

安装是指工件经过一次装夹后所完成的那部分工序内容。例如，在车床上加工轴，先从一端加工出部分表面，然后调头再加工另一端，这时的工序内容就包括两个安装。

(3)工位：采用转位(或移位)夹具、回转工作台或在多轴机床上加工时，工件在机床上一次装夹后，要经过若干个位置依次进行加工，工件在机床上所占据的每一个位置上所完成的那一部分工序就称为工位。简单来说，工件相对于机床或刀具每占据一个加工位置所完成的那部分工序内容，称为工位。为了减少因多次装夹而带来的装夹误差和时间损失，常采用各种回转工作台、回转夹具或移动夹具，使工件在一次装夹中，先后处于几个不同的位置进行加工。图 6-7 是在一台三工位回转工作台机床上加工轴承盖螺钉孔的示意图。操作者在上下料工位 I 处装上工件，当该工件依次通过钻孔工位 II、扩孔工位 III 后，即可在一次装夹后把四个阶梯孔在两个位置加工完毕。这样，既减少了装夹次数，又因各工位的加工与装卸是同时进行的，从而节约安装时间使生产率大大提高。

(4)工步：在加工表面不变、加工工具不变的条件下，所连续完成的那一部分工序内容称为工步。生产中也常称为"进给"。整个工艺过程由若干个工序组成。每一个工序可包括一个工步或几个工步。每一个工步通常包括一个工作行程，也可包括几个工作行程。为了提高生产率，用几把刀具同时加工几个加工表面的工步，称为复合工步，也可以看成一个工步，例如，组合钻床加工多孔箱体孔。

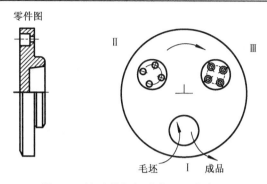

图 6-7　轴承盖螺钉孔的三工位加工

(5)走刀：加工刀具在加工表面上加工一次所完成的工步部分称为走刀。例如，轴类零件如果要切去的金属层很厚，则需分几次切削，这时每切削一次就称为一次走刀。因此在切削速度和进给量不变的前提下刀具完成一次进给运动称为一次走刀。

图 6-8 是一个带半封闭键槽阶梯轴两种生产类型的工艺过程实例，从中可看出各自的工序、安装、工位、工步、走刀之间的关系。

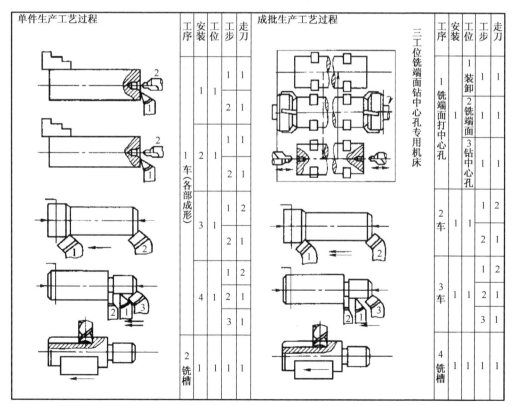

图 6-8　阶梯轴加工工序划分方案比较

2. 划线找正法

机械加工中获得位置精度的方法主要有一次安装法、多次安装法等，对于样机加工，一般采用多次安装法，零件有关表面的位置精度是加工表面与工件定位基准面之间的位置精度决定的。如轴类零件键槽对外圆之对称度，箱体平面与平面之间的平行度、垂直度等。

根据工件安装方式不同又分为直接、找正和夹具安装法。

(1)直接安装法：工件直接安装在机床上，从而保证加工表面与定位基准面之间的精度。例如，在车床上加工与外圆同轴的内孔，可用三爪卡盘直接安装工件，如图6-9所示。

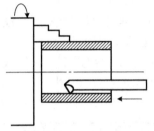

图 6-9　　直接安装法

(2)找正安装法：找正是用工具(和仪表)根据工件上有关基准，找出工件在划线、加工(或装配)时的正确位置的过程。用找正方法装夹工件称为找正安装。通过找正保证加工表面与定位基准面之间的精度。例如，在车床上用四爪卡盘和百分表找正后将工件夹紧，可加工出与外圆同轴度很高的孔，如图6-10所示。

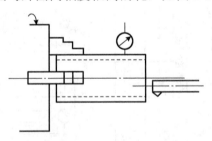

图 6-10　　找正安装法

找正安装法可分为直接找正安装和划线找正安装两种。

直接找正安装是用划针和百分表或通过目测直接在机床上找正工件位置的装夹方法。如图 6-11(a)所示是用四爪单动卡盘装夹套筒，先用百分表按工件外圆 A 进行找正后，再夹紧工件进行外圆 B 的车削，以保证套筒的 A、B 圆柱面的同轴度。此法的生产率较低，对工人的技术水平要求高，所以一般只用于单件小批生产中。若工人的技术水平高，且能采用较精确的工具和量具，那么直接找正安装也能获得较高的定位精度。

划线找正安装是用划针根据毛坯或半成品上所划的线为基准找正它在机床上正确位置的一种安装方法。如图 6-11(b)所示的车床床身毛坯，为保证床身各加工面和非加工面的位置尺寸及各加工面的余量，可先在钳工台上划好线，然后在龙门刨床工作台上用可调支承支起床身毛坯，用划针按线找正并夹紧，再对床身底平面进行粗刨。由于划线既费时，又需技术水平高的划线工，划线找正的定位精度也不高，所以划线找正安装只用在批量不大、形状复杂而笨重的工件，或毛坯的尺寸公差很大而无法采用夹具装夹的工件。

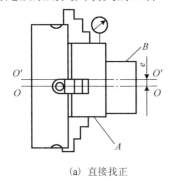 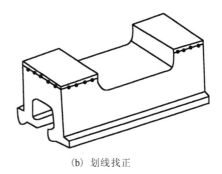

(a) 直接找正　　　　　　　　　　　　　　(b) 划线找正

图 6-11　找正安装

3. 试切法

机械加工中获得工件尺寸精度的方法，主要有试切法、调整法、定尺寸法、主动测量法以及自动控制法，对于样机加工，获得尺寸精度的方法主要采用试切法，即先试切出很小部分加工表面，测量试切所得的尺寸，按照加工要求适当调刀具切削刃相对工件的位置，再试切，再测量，如此经过两三次试切和测量，当被加工尺寸达到要求后，再切削整个待加工表面。

试切法通过"试切—测量—调整—再试切"反复进行，直到达到要求的尺寸精度。例如，箱体孔系的试镗加工。

试切法达到的精度可能很高，它不需要复杂的装置，但这种方法费时(需进行多次调整、试切、测量、计算)，效率低，依赖工人的技术水平和计量器具的精度，质量不稳定，所以只用于单件小批生产。

作为试切法的一种类型——配作，它是以已加工件为基准，加工与其相配的另一工件，或将两个(或两个以上)工件组合在一起进行加工的方法。配作中最终被加工尺寸达到的要求是以与已加工件的配合要求为准的。

6.4.3　加工设备的选型准备

加工设备选择的合理与否，将直接影响工件的加工精度、生产效率和经济效益。应根据具体加工条件、工件结构特点和技术要求等选择工艺装备。工艺装备特征方面，对于样机加工，一般采用通用机床、数控机床以及加工中心等，极少采用夹具，偶尔采用组合夹具；刀具和量具方面主要采用标准刀具和通用量具[24]。

（1）机床设备的选择：机床的加工尺寸范围应与零件的外廓尺寸相适应。机床的工作精度与所加工零件工序尺寸的精度相适应，避免精加工设备用于零件的粗加工，这样既容易损坏设备的精度，又不能提高生产效率，但在样机加工中，不排除少量粗加工工序使用高精度设备。

（2）夹具的选择：样机加工应首先采用各种通用夹具和机床附件，如卡盘、机床用平口虎钳、分度头、台钳和回转台等。

（3）刀具的选择主要取决于工序所采用的加工方法、加工表面的尺寸、工件材料、所要求的精度和表面粗糙度、生产率及经济性等。在选择时一般应尽可能采用标准刀具，必要时也可采用各种高生产率的复合刀具及其他一些专用刀具。刀具的类型、规格及精度等级应符合加工要求。

（4）量具的选择：样机加工应广泛采用通用量具，如游标卡尺、百分尺和千分表等，量具的精度必须与加工精度相适应。

6.4.4　样机的零部件材料选用

样机的零部件同机械设计制造中对材料要求基本相同，要满足如下要求[25]。

（1）满足使用要求。

设计机械零件的基本原则之一是工作可靠。零件的材料直接影响着其强度、刚度、耐磨性、耐蚀性、耐热性、疲劳寿命、质量、美观等，应根据零件的工况选择适当的材料。若零件承受较大载荷或要求尺寸小质量轻，应选择高强度合金钢；零件承受较大冲击载荷，需要选择韧性好的合金钢；构成摩擦副的零件要求耐磨性好，应按摩擦学设计来选择减摩耐磨性好的材料配对，如磨损主要是磨粒磨损时，一般应选淬火钢；工作时要接触腐蚀性气体或液体的零件，要针对造成腐蚀的具体情况，选择合适的耐腐蚀的材料。

当某个零件对设备的正常使用非常重要时，应选择质量可靠的材料。

（2）满足工艺要求。

便于加工是设计机械零件时也必须遵守的一个原则。零件是否便于加工直接关系到零件的成本和制造时间。生产形状复杂铸造毛坯零件，一般要选择铸铁，受力较大时选择铸钢。生产形状复杂、单件或小批量的零件，可以用钢板或型钢焊接。冲压件应选择塑性好的低碳钢或铜合金等材料。在机器制造过程中，切削加工方法占有重要位置，材料的切削加工性能主要指材料被切削的难易程度、材料被切削后的表面粗糙度和刀具的寿命。材料成分、组织和热处理不同的零件，其切削加工性是不同的，甚至差异很大。对大批量生产的零件，要特别重视材料的机械加工性能。在材料手册中，对具体材料的加工性能有简要的说明。

设计零件时，也要注意热处理工艺性。如结构形状复杂的零件，应选择淬透性好的钢材，其变形小。

（3）满足经济性要求。

降低零件成本，是提高产品价格竞争力的一个重要途径。价格低廉，是设计零件时要遵守的原则之一。在满足使用性能的前提下，选用零件材料时要注意降低零件的总成本。零件的总成本主要包含材料的价格和加工等费用。

不同材料的价格可能相差几倍，甚至几十倍。在金属材料中，碳钢和铸铁的价格相对较低，其加工工艺性能较好。所以，在满足力学性能要求的前提下，宜优先选择碳钢或铸铁。在选材时还应考虑材料的供应情况，品种尽量少，便于采购和管理。

对外采购的产品或材料应列出清单，对质量做出明确规定。

6.4.5　样机装配

对于样机制造，其装配方法一般采用修配装配法。在单件生产和成批生产中，对那些要求很高的多环尺寸链，各组成环先按经济精度加工，在装配时修去指定零件上预留修配量达到装配精度的方法[22, 23]。

由于修配法的尺寸链中各组成环的尺寸均按经济精度加工，装配时封闭环的误差会超过规定的允许范围。为补偿超差部分的误差，必须修配加工尺寸链中某一组成环。被修配的零件尺寸称为修配环或补偿环。一般应选形状比较简单，修配面小，便于修配加工，便于装卸，并对其他尺寸链没有影响的零件尺寸作修配环。修配环在零件加工时应留有一定量的修配量。

生产中通过修配达到装配精度的方法很多，常见的有以下三种[26]。

（1）单件修配法。

这种方法是将零件按经济精度加工后，装配时将预定的修配环用修配加工来改变其尺寸，以保证装配精度。

（2）合并修配法。

这种方法是将两个或多个零件合并在一起进行加工修配。合并加工所得的尺寸可看成一个组成环，这样减少了组成环的环数，就相应减少了修配的劳动量。

（3）自身加工修配法。

在机床制造中，有一些装配精度要求，是在总装时利用机床本身的加工能力，“自己加工自己”，可以很简捷地解决，这即自身加工修配法。

6.4.6　撰写试制报告

样机试制总结报告，是在样机开发以后投入批量生产前所做的工作总结。其主要目的是对样机的性能、技术水平和批量生产的可能性进行评价，是提供产品鉴定资料中的一份核心报告。它应该包括以下内容[27]。

(1)样机试制的背景。

样机试制一般有两个目的，其一是使产品迅速投放市场；其二是作为技术储备或成果转让。因此，如果是第一个目的，报告的背景要介绍产品开发的市场调研情况，对市场有一定的分析，判断该产品进入市场的可能性并进行经济效益分析；如果是第二个目的，报告的背景就要分析行业科技进步和市场变化的趋势，对产品的市场做出预期判断。

(2)样机试制的过程。

样机试制的过程要从时间上和空间上描述产品开发的简要过程，样机开发过程留下数据翔实的资料，以便后面可以层层深入，重点解析。

(3)设计与标准的符合性。

样机试制首先要从产品设计开始。每开发一项产品，总要有标准依据或相应的要求。标准包括现行的国家标准、行业标准、地方标准和企业标准。一般都会有标准可依，如果没有标准可依时要参考相关标准制定相应的技术条件，在样机试制和市场行为中修改技术条件为技术标准。报告要阐述产品设计性能指标数据与标准或技术条件的符合性。由于市场需求变化很快，可能一些各级标准的制定赶不上需要，因此制定技术条件的频次会较高。在做这项工作时要注意引用标准的接口问题，因为相应的标准都在不断地修订。

(4)关键技术。

样机试制报告要阐述关键技术、关键工艺的可行性、可靠性和先进性。关键技术可能体现在设计上和工艺上，但也可能反映在设备上或工装上，还有可能是准备工作中预料之外的问题成了开发的难点。总之，报告要叙述开发过程引用和解决的难点问题。这部分应该是对新产品开发最有表现力的内容。

(5)产品试验及结论。

样机的性能结论是通过试验得出的。样机性能试验大都是按国家标准或行业标准规定的方法来做的，有时样机开发也包括对试验方法的开发。样机性能试验要专有试验报告，详尽报告产品试验的项目、数据和结论，并附有试验检测记录。

(6)技术文件综述。

介绍开发过程编制的标准、设计文件和工艺文件的情况。样机开发后，产品的几乎所有属性都要体现在书面上，开发的过程也是这些资料完成或完善的过程。样机试制完成的概念必须包括标准类、设计类和工艺类文件的完成。

(7)存在的问题和建议。

样机开发同其他事物一样不会是十全十美的，有时为抓时机鉴定或因一些别的原因，使其会存在一些问题。这里必须为移交成果客观地把问题和建议提出来。

6.5　样机的性能测试

新产品试制后，必须进行性能测试。所谓性能测试就是对新产品从技术上做出全面评价，以确定是否可以进入下一阶段试制或成批大量生产。因此，性能测试也是新产品从设计到正式投产的必要步骤。试制和鉴定虽然需要一定的时间，但如果不经过试制阶段而直接大规模投产，在正式投产后再来解决生产中暴露出来的问题，将会造成更大的经济上的损失和时间上的浪费。

样机的性能测试是样机制造的关键环节之一，通过测试仪器、设备和现代化检测技术，能够快速准确地测试出样机各项主要性能指标。机械产品样机性能测试的工作流程如图 6-12 所示，首先调研搜集样机及相关领域的国内外研究现状，然后明确样机性能测试的主要目的并制订性能测试方案，根据测试方案做好性能测试前的准备工作，随后对各设定的测试项目进行逐一测试记录，并对各测试项目进行分析评估。对未达到性能测试预期目的的，需要返回继续对测试项目进行测试，但如果达到了性能测试的预期目的，则汇总并编写性能测试报告，完成样机的性能测试。

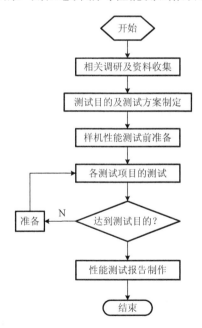

图 6-12　样机性能测试工作流程图

样机系统的性能是一个很大的概念，覆盖面非常广泛，对一个机械或机电一体化样机系统来说，常见的性能测试包括各机构的运动性能测试、力学性能测试、动力学性能测试、疲劳寿命测试、电气性能测试、人机性能测试等。

　　根据各项性能测试可以非常直观地了解样机方面性能优劣状态，图 6-13 为机械产品样机一般性能测试项目及综合评价图。分别测试各项性能参数，综合归一化评分后将各项性能绘制到对应轴上，连接各轴点成一封闭回线。通过观察封闭回线形状可以非常直观地了解样机的各项性能状态。

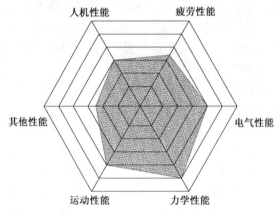

图 6-13　样机性能主要测试项目

6.5.1　性能测试的目的

　　样机性能测试的目的是快速精准地获取样机全面的性能参数，一方面评估样机的各项性能参数是否达到设计预期；另一方面有助于及时发现产品前期研发活动中存在的问题，改善与开发系统相关的潜在风险，从而验证产品设计方案的可行性和产品开发的必要性，为新产品样机的鉴定以及后续批量生产奠定基础。

　　性能测试各主要目的如下。

　　(1)获取样机实际性能设计参数：给定样机各种仿真工况并获取样机的运动学、力学、动力学、疲劳寿命、电气、人机等性能参数，定性或定量评价其实现情况为后续改进和决策奠定基础。

　　(2)识别样机系统中的弱点：对比样机预期性能参数与实际性能参数，结合样机工作原理及组成结构，分析获取样机系统存在的瓶颈或薄弱点。

　　(3)优化样机系统设计：对测试中有的测试项目进行多次重复性能测试，确定样机存在的问题后，进行改进并优化后续设计从而改进样机性能。

　　(4)为样机的鉴定以及后续批量生产奠定基础：国家《机械工业新产品试制管理办法》第二十一条规定新产品样机鉴定需提前进行样机性能测试并提供相应测试报告。

6.5.2　性能测试的方案设计

　　现代机械或机电产品往往涉及动力工程、机械工程、电气工程、工业设计等多个学科，包括力学、动力学、材料与工艺、疲劳寿命、电气自动化、人机工程、计算机等基本内容,属于一个高科技综合学科的范畴。鉴于样机系统可能的复杂性,性能测试方案制订将在广泛吸收、采纳该样机及其相关领域的最新研究成果、工程经验、文献及标准的基础上,采用理论与实践相结合,串行反馈和并行协同相结合,从单项测试研究到系统集成测试逐渐推进的整体研究方法与技术路线,确保样机系统达到预期设计目标。因此,分析确定样机性能测试目的、测试项目、测试方法与手段,并制订详细测试方案是必需的而且非常重要的。

1．性能测试前分析

样机的性能测试首先需要搜集了解样机及其相关领域最新的国内外研究成果、工程经验、文献及标准;分析样机的工作原理、结构组成及使用特点后,结合实际条件拟定样机性能测试目的及主要性能测试科目。

2．性能测试项目设计

分析机械或机电产品样机的设计性能指标以及样机性能测试目的,规划并设计性能测试的项目科目。一般来说,机械或机电一体化样机性能测试主要包括各机构的运动性能测试、力学性能测试、动力学性能测试、疲劳寿命性能测试、电气性能测试、人机性能测试等。

3．性能测试方案书编写

对于现代机械产品样机研发,规范的性能测试文档是快速、高效、准确地获取样机性能参数的基础。在明确样机性能测试目的、性能测试项目后,编写详细的性能测试方案书,为顺利完成性能测试做好准备。性能测试方案一般包含测试目的、测试项目、测试方法与手段、测试报告几大块内容。

6.5.3　测试的常用方法和手段

机械产品样机性能测试根据模拟工况类型可分为实验室模拟工况测试、准现场工况测试以及现场真实工况测试三种,具体因考虑样机产品的使用特点以及现有实际测试条件选择确定哪种工况进行性能测试。

样机性能测试根据负荷大小可分为空载、欠负载、额定负载、超负载四种,空载以及额定负载性能测试一般是必选测试内容。

根据测试项目学科类别可分为静态性能、运动性能、力学性能、疲劳寿命性能、电气性能、人机性能等。

根据自动化程度可分为纯手工、半自动、全自动,样机性能测试的自动化有着无可比拟的优势,随着计算机、传感器、通信技术的快速发展,半自动、全自动是样机性能测试发展的必然趋势。

下面以学科类别分列举常用的测试方法和手段。

1. 静态性能测试

几何精度测试，又称静态精度测试，是综合反映样机关键零部件经组装后的综合几何形状误差。几何精度测试必须在样机完全稳定后进行，在几何精度检测时，应注意测量方法及测量工具应用不当所引起的误差。在检测时，应按国家标准规定，即样机接通电源后，在预热状态下，样机各功能部件正常运动多次后进行。常用的检测工具有精密水平仪、精密方箱、直角尺、平尺、平行光管、千分表、测微仪及高精度主轴心棒等。检测工具的精度必须比所设的几何精度高一个等级。一般机械产品样机几何精度检验项目如下。

(1)互为垂直坐标轴的相互垂直度；

(2)直线滑动部件的平面度；

(3)直线滑动部件的平行度；

(4)回转部件的圆度、圆柱度；

(5)回转部件的轴向及孔径跳动。

各关键部件的静态测试数据表编写及记录，表 6-4 为某关键部件静态测试记录样例，包括测试参数的名称、设计参数范围、各实测数据等。

表 6-4　测试记录样例

序号	测试参数名称	设计范围	实测 1	实测 2	实测 3	实测 4	实测 5	平均
1	X-Y 轴垂直度	≤0.01	0.009	0.008	0.008	0.008	0.008	0.0082
2	Y-Z 轴垂直度	≤0.01	0.010	0.009	0.011	0.010	0.012	0.0104

静态测试数据的记录有助于评估样机相关设计性能，为后续分析及改进样机设计奠定基础。

2. 运动性能测试

样机的运动性能包括机构运动过程中关键节点的运动精度，因此，根据实测的关键节点的运动精度，可以判断出样机工作过程中能达到的最佳运动性能。样机运动过程中关键运动部件运动精度一般包含以下内容。

(1)直线运动定位精度；

(2)直线运动重复定位精度；

(3)回转运动定位精度；

(4)回转运动重复定位精度。

检查样机运动性能的常用仪器和手段有精密线纹尺、读数显微镜、激光干涉三坐标测量仪等。其中激光干涉仪因具有测量精度高、测量时间短、使用方法简单和价格适中等优点被广泛应用于机械样机运动性能测试中。

激光干涉仪是以激光波长为已知长度、利用迈克耳逊干涉系统测量位移的通用长度测量工具。激光干涉仪有单频的和双频的两种。单频的是在 20 世纪 60 年代中期出现的，最初用于检定基准线纹尺，后又用于在计量室中精密测长。双频激光干涉仪是 1970 年出现的，它适宜在车间中使用。激光干涉仪在极接近标准状态(温度为 20℃、大气压力为 101325Pa、相对湿度 59％、CO_2 含量 0.03％)下的测量精确度很高，可达 1×10^{-7}m[28]。

图 6-14 为单频激光干涉仪的工作原理。从激光器发出的光束，经扩束准直后由分光镜分为两路，并分别从固定反射镜和可动反射镜反射回来汇合在分光镜上而产生干涉条纹。当可动反射镜移动时，干涉条纹的光强变化由接收器中的光电转换元件和电子线路等转换为电脉冲信号，经整形、放大后输入可逆计数器计算出总脉冲数，再由电子计算机按计算式式中 λ 为激光波长(N 为电脉冲总数)，算出可动反射镜的位移量 L[29]。使用单频激光干涉仪时，要求周围大气处于稳定状态，各种空气湍流都会引起直流电平变化而影响测量结果。

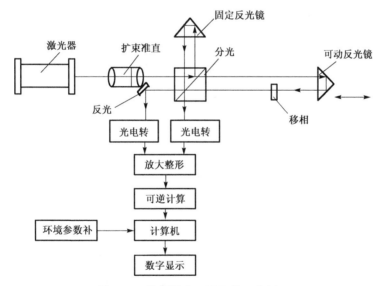

图 6-14　单频激光干涉仪的工作原理

图 6-15 为双频激光干涉仪的工作原理。在氦氖激光器上，加上一个约 0.03T 的轴向磁场。由于塞曼分裂效应和频率牵引效应，激光器产生 f_1 和 f_2 两个不同频率的左旋和右旋圆偏振光。经 1/4 波片后成为两个互相垂直的线偏振光，再经分光镜分为两路，一路经偏振片 1 后成为含有频率为 $f_1 - f_2$ 的参考光束；另一路经偏振分光镜后又分为两路：一路成为仅含有 f_1 的光束；另一路成为仅含有 f_2 的光束。当可动反射镜移动时，含有 f_2 的光束经可动反射镜反射后成为含有 $f_2\pm\Delta f$ 的光束，Δf 是可动反射镜移动时因多普勒效应产生的附加频率,正负号表示移动方向(多普勒效应是奥地利人 C.J.多普勒提出的，即波的频率在波源或接收器运动时会产生变化)。这路

光束和由固定反射镜反射回来仅含有 f_1 的光的光束经偏振片 2 后汇合成为 $f_1-(f_2\pm\Delta f)$ 的测量光束。测量光束和上述参考光束经各自的光电转换元件、放大器、整形器后进入减法器相减，输出成为仅含有 $\pm\Delta f$ 的电脉冲信号。经可逆计数器计数后，由电子计算机进行当量换算(乘 1/2 激光波长)后即可得出可动反射镜的位移量。双频激光干涉仪是应用频率变化来测量位移的，这种位移信息载于 f_1 和 f_2 的频差上，对由光强变化引起的直流电平变化不敏感，所以抗干扰能力强。它常用于检定测长机、三坐标测量机、光刻机和加工中心等的坐标精度，也可用作测长机、高精度三坐标测量机等的测量系统。利用相应附件，还可进行高精度直线度测量、平面度测量和小角度测量。

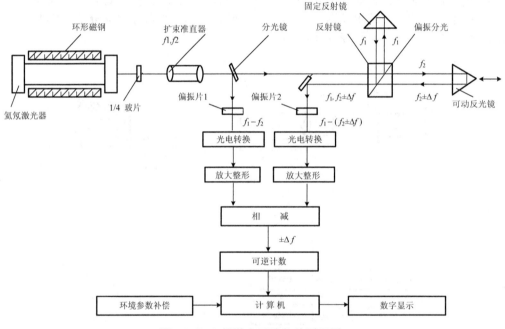

图 6-15　双频激光干涉仪的原理图

　　利用激光干涉仪可以非常方便地获取样机各关键传动部件的运动性能测试数据，从而分析出传动件精度、反向间隙、传动刚度和摩擦特性对样机运动精度的影响，为后续分析及改进样机设计奠定基础。

　　3. 力学性能测试

　　样机的力学性能包括关键部位的静力学性能测试以及动力学性能测试，主要用于评估样机各主要零件及功能部件的强度。静力学性能测试时，根据理论分析确定样机关键部位最薄弱的工作位置，固定其传动的输入或输出，测试非固定端的力-应变关系曲线。而动力学性能测试主要包括对各传动线路及整机的输出功率及传动效率的性能评价，在考虑负载冗余及安全系数的前提下满足各功能部件的输出功率要求。力学性能测试一般需要使用位移和力测量传感器，借助虚拟仪器、采集卡、传感器与通信技术可以快速高效地评测样机各主要力学性能。

4. 疲劳寿命性能

机械样机各功能部件中存在各种运动，其中不少运动是周期性运动，这些运动将导致有些部件处于交变应力，从而可能出现疲劳损坏，为此需要进行关键部件或整机的疲劳性能测试。疲劳损伤积累理论认为，当零件或部件所受应力高于疲劳极限时，每一次载荷循环都对零件造成一定量的损伤，并且这种损伤是可以积累的；当损伤积累到临界值时，零件将发生疲劳破坏。较重要的疲劳损伤积累理论有线性和非线性疲劳损伤积累理论，线性疲劳损伤积累理论认为，每一次循环载荷所产生的疲劳损伤是相互独立的。总损伤是每一次疲劳损伤的线性累加，它最具代表性的理论是帕姆格伦—迈因纳定理，应用最多的是线性疲劳损伤积累理论[30]。零件的疲劳寿命与零件的应力、应变水平有关，它们之间的关系可以用应力—寿命曲线(σ-N)和应变—寿命曲线(δ-N)表示。根据样机使用要求可以获取样机关键部件或整机仿真负载的加载循环次数或时间，等间隔对关键部位的磨损区域进行检验，拍摄照片及测量相关参数，并记录测试数据为后续样机的问题查找与分析提供方便。

5. 其他

除了上述几种性能测试，一般还会根据产品的工作原理、结构组成以及使用特点确定其他性能测试项目。可能还包括电气性能测试、高温测试、冲击测试、振动测试等。

(1) 电气性能测试：接触电阻，绝缘电阻，耐电压等。

(2) 高温测试：对于样机产品工作环境为高温情况下，一般需要对样机进行高温环境的性能测试，含高低温交变、高温高湿、温度冲击等。

(3) 冲击测试：机械冲击、机械碰撞导致样机可能的性能下降或劣化。

(4) 振动测试：由于样机本身构件运动以及外部振源导致样机可能的性能下降或劣化。

6.5.4　性能测试报告

性能测试报告是机械产品样机制造性能测试环节的规范性技术文档之一，目的在于总结测试阶段的问题以及分析测试结果，评价样机是否符合设计需求并为后续改进设计提出建议。性能测试报告主要包含性能测试名称、测试目的与项目、测试环境与条件、测试流程与数据记录、数据处理与分析。下面对测试数据处理方法以及数据分析进行介绍。

1. 测试数据处理方法

　　数据处理是指从获得的数据得出结果的加工过程，包括记录、整理、计算、分析等处理方法[31]。用简明而严格的方法把测试数据所代表的事物内在的规律提炼出来，就是数据处理。根据不同的性能测试内容、不同的要求，可采用不同的数据处理方法。较常用的数据处理方法有列表法、绘图法、逐差法、最小二乘法和一元线性回归。

　　(1) 列表法。

　　获得数据后的第一项工作就是记录，欲使测量结果一目了然，避免混乱，避免丢失数据，便于查对和比较，列表法是最好的方法。制作一份适当的表格，把被测量和测量的数据一一对应地排列在表中，就是列表法。列表法能够简单地反映出相关物理量之间的对应关系，清楚明了地显示出测量数值的变化情况，较容易地从排列的数据中发现个别有错误的数据，为进一步用其他方法处理数据创造了有利条件[32]。

　　(2) 作图法。

　　在研究两个物理量之间的关系时，把测得的一系列相互对应的数据及变化的情况用曲线表示出来，这就是作图法。作图法的优点：能够形象、直观、简便地显示出物理量的相互关系以及函数的极值、拐点、突变或周期性等特征。具有取平均的效果，因为每个数据都存在测量不确定度，所以曲线不可能通过每一个测量点。但对于曲线，测量点时靠近和匀称分布，故曲线具有多次测量取平均的效果，有助于发现测量中的个别错误数据。虽然曲线不可能通过所有的数据点，但不在曲线上的点都应是靠近曲线才合理。如果某一个点离曲线明显远了，说明这个数据错了，要分析产生错误的原因，必要时可重新测量或剔除该测量点的数据。

　　(3) 逐差法。

　　当两物理量呈线性关系时，常用逐差法来计算因变量变化的平均值；当函数关系为多项式形式时，也可用逐差法来求多项式的系数。逐差法也称为环差法。逐差法的优点：充分利用测量数据，更好地发挥了多次测量取平均值的效果。绕过某些定值未知量。可验证表达式或求多项式的系数。逐差法的适用条件为两物理量之间的关系可表达为多项式形式[32]。

　　(4) 最小二乘回归法。

　　从测量数据中寻求经验方程或提取参数，称为回归问题，是实验数据处理的重要内容。用作图法获得直线的斜率和截距就是回归问题的一种处理方法，但连线带有相当大的主观成分，结果会因人而异；用逐差法求多项式的系数也是一种回归方法，但它又受到自变量必须等间距变化的限制。本节介绍处理回归问题的另一种方法——最小二乘回归法。

2. 测试数据分析

测试数据分析是根据处理后的测试数据分析批判样机各项性能参数是否达到预期设计目标，并为后续改进设计提供指导。以表 6-1 记录的测试数据为例进行分析，从数据表对比可以看出 X-Y 轴垂直度在设计范围内，而 Y-Z 轴垂直度超出了设计范围，分析其样机组成及工作原理，找出导致 Y-Z 轴垂直度超差的可能原因并逐一排查解决，或改进样机设计来改进其性能参数。

6.6　机械产品样机制造案例

产品质量首先是设计出来的，其次是制造出来的；因此，企业必须树立产品研制设计质量比生产质量更加重要的观点；然后是抓生产制造质量的稳定提高。

样机试制实际上应该归属设计阶段，它与小批量试制、产品定型投产是不同的。

(1)样机试制阶段。

通过产品试制、型式试验和用户使用，验证产品图样、设计文件和工艺文件、工装图样的正确性、产品的适用性、可靠性，并完成产品的鉴定。

样机试制是验证产品图样和设计文件，考核产品结构和性能。为便于加工试验，应按工艺管理导则的规定，编制试制产品工艺方案、设计工艺规程，编制工艺和材料、工时定额，设计必要的工艺装备和生产准备工作。

样机鉴定后，须按照鉴定意见及型式试验和用户试验中的问题和缺陷，研究并提出设计改进方案。通过修改设计清除和解决所暴露或潜在的问题与缺陷。因此，修改设计前必须进行最终设计详审，确定改进方案的正确完善及可行性，修改后能否达到设计定型的要求。

(2)小批试制阶段。

小批试制是验证正式生产工艺、工艺装备质量，并进一步考验设计改进修改后的产品图样和设计文件。小批试制在工艺上为批量生产做准备。

(3)定型投产阶段。

该阶段是完成正式投产的准备工作，工艺文件、工艺装备的改进完善并定型。如设备、检测仪器的配置、调试和标定，外协点的选定等，达到正式投产的条件、具备稳定生产合格产品的批量生产能力与水平。

新产品开发的一个重要问题是开发周期要短。样机试制在整个开发周期中占有重要地位，在保证样机制造质量的前提下，样机制造周期一定要短。短的制造周期不但为新产品开发赢得了时间，还增强了新产品开发的信心。为了确保在较短的时间内把样机制造完成，要求制造企业在加工制造、人力、物力、财力等各方面为新产品的样机试制开绿灯。

6.6.1 金属切削带锯床底座焊接机械臂样机制作描述

本节基于第 5 章的设计案例来阐述样机制作的过程。由前面的设计可知,机械臂整体结构如图 6-16 所示,大致可以分为底座、大臂、小臂、垂直臂和腕部结构等五个部件。

基于设计需求,主要的性能需求包括:①机械臂末端负载 2kg;②自动最大焊接速度为 50mm/s,加速时间为 0.5s;③重复路径精度为 0.5mm;重复定位精度为 0.5mm;④末端执行操作点(TCP)最大速度为 0.2m/s;⑤末端执行操作点(TCP)最大加速度为 $1m/s^2$。

性能是否满足需求,主要是在设计阶段解决,但是需要在制造阶段相应精度的保证,例如,在制造阶段各环节的质量检测监控。

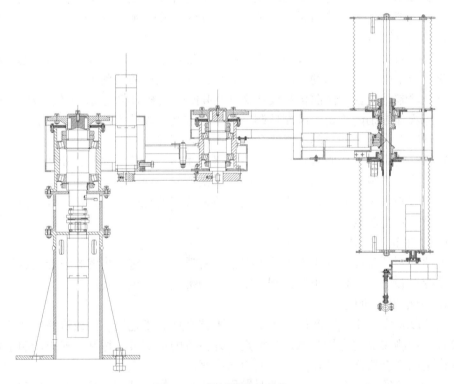

图 6-16　机械臂整体结构

6.6.2 样机制造申请

设计输出评审通过后,可进入产品研发的试制阶段。研发部提出设计输出,主要包括:产品的《作业指导书》、原理图和设计图、BOM 表、装配说明、调试说明和《检验规程》等。

研发部负责人制订样机试制计划，经过小组评审，向总经理申请样机试制，列明样机试制各阶段的试制过程明细清单(含零部件、控制系统、软件烧录、调试、装配、测试)等阶段。经各部门评审后，提交总经理批准实施。表 6-5 列出了带锯床焊接机械臂的试制计划。

表 6-5　带锯床焊接机械臂的试制计划

新产品名称	带锯床焊接机械臂	起止日期	2014.8.1～2014.9.30
目的	用于规范带锯床焊接机械臂试制过程中的各项工作，明确试制过程中各部门的工作职责及相互协作关系，确保新产品试制过程符合有关标准、法律法规要求		
范围	本文件仅适用于带锯床焊接机械臂产品		

带锯床焊接机械臂的技术要求如下：
(1)工作空间：包容长 600mm，宽 300mm，高 400mm 的立方体；
(2)负载要求：机械臂末端负载 2kg；
(3)焊接速度：自动焊接速度为 5～40mm/s，取最大焊接速度为 50mm/s，加速时间为 0.5s；
(4)重复路径精度：0.5mm；重复定位精度：0.5mm；
(5)末端执行操作点(TCP)最大速度：0.2m/s；
(6)末端执行操作点(TCP)最大加速度：1m/s^2。
带锯床焊接机械臂试制的数量：2

序号	试制工作项目	工作的内容	主要负责部门	完成时间	协助部门
		带锯床焊接机械臂试制阶段划分及主要内容			
1	试制技术准备： 1.工艺技术准备； 2.工装模具准备； 3.开工条件检查	1. 完成带锯床焊接机械臂各项工艺的分析，产品工作图的工艺性审查。 2. 编制试制用工艺卡片： (1)工艺进度卡(路线卡)； (2)关键工序卡(工序卡)； (3)装配工艺过程卡(装配卡)； (4)特殊工艺、专业工艺守则	研发部	2014.8.4	生产部
		1. 根据需要设计不可缺少的工装。 2. 充分利用现有工装，通用工装，组合工装，简易工装和过渡工装	研发部	2014.8.8	生产部
		1. 对产品的设计图、工艺规范、使用设备、人员技能、检测规范等进行检查，给出《新产品试制开工条件检查单》。 2. 进行开工条件检查，并做出检查结论，如在生产中发现不符合项，生产部应采取纠正措施，整改后进行复查	研发部	2014.8.12	综合部
2	零部件的试制进度： 1.自制零部件的试制进度； 2.外购标准件、零部件的交付试制进度	生产部进行零部件的试制	生产部	2014.8.31	研发部
		采购部负责外购标准件、零部件和原材料的采购供应。该产品中需外购的标准件和零部件有轴承、螺母、螺栓、垫片、伺服电机(含驱动器)、步进电机(含减速器)、减速器等	采购部	2014.8.31	
		质检部完成对自制零部件及外购标准件、零部件的检验	质检部	2014.9.2	
3	装配进度： 1.部件装配进度； 2.总装配进度	部件装配及总装配过程要按照工艺或操作规范进行，记录生产过程中对技术参数和产品特性的监视和测量结果，加强质量管理和信息反馈	生产部 研发部	2014.9.15	综合部

续表

序号	试制工作项目	工作的内容	主要负责部门	完成时间	协助部门
		综合部负责新产品试制过程中所需监测设备的保障工作			
4	试验和鉴定进度： 1. 部件试验； 2. 成品试验； 3. 技术总结	1. 在试制过程中，质检部对产品的零件、部件进行全面的测试和检验并记录结果。 2. 产品试制完成后，质检部对带锯床焊接机械臂各项功能、性能指标进行测试。 3. 编写经全面性能试验后所需的技术文件	质检部	2014.9.20	研发部
5	产品质量评审	1. 质检部准备产品质量评审材料，组织质量评审会。 2. 各职能部门参加质量评审会。 3. 质检部填写《质量评审报告》，整理会议资料及相关资料并归档。 4. 对任何采取纠正的措施和预防措施及跟踪验证的结果应予以记录并归档	质检部	2014.9.30	生产部 采购部 研发部

6.6.3 样机试制

样机试制计划下达后，由采购部根据研发试制《物料清单(BOM)表》要求，向制造部下达零部件试制，或直接向供应商采购标准件和外购件等，并对专用物料进行准备，所有物料由质检部测试人员进行检验，确保试制人员可以从公司仓库领用或向采购部门领用所有检测仪(表)样机所需的物料，保证样机试制过程的开展。表 6-6 列出了带锯床焊接机械臂大臂部件的 BOM 表。

表 6-6　带锯床焊接机械臂大臂部件的 BOM 表

部件名称	大臂		部件编号			HJJXB-02	
序号	件号		单位	数量		名称	备注
1	HJJXB-02-01		件	1		大臂端盖连接板	加工件
2	HJJXB-02-02		件	1		大臂桁架1	加工件
3	HJJXB-02-03		件	1		大臂桁架2	加工件
4	HJJXB-02-04		件	1		大臂桁架3	加工件
5	HJJXB-02-05		件	1		大臂主轴	加工件
6	HJJXB-02-06		件	1		大臂轴套	加工件
7	ECMA-C206-04		件	1		400W带刹车伺服电机	外购件
8	ECMA-ASDA-B2		件	1		伺服驱动器	外购件
9	FB60-500-S2-P1		件	1		减速器	外购件
10	GB/T 70.1-200/M5*16		件	8		内六角头螺钉	标准件
11	GB/T 892-1986/50		件	2		轴端挡圈	标准件
⋮	⋮		⋮	⋮		⋮	⋮

注：编制、授权、日期；更改记录；部件描述：大臂是机械臂的关键部件，涉及旋转关节

样机试制人员根据样机试制作业指导要求、设计图纸等技术要求，进行样机零部件工艺设计、制造、过程调试、整机组装，并跟踪、记录调试情况。

表 6-7 和表 6-8 列出了带锯床焊接主轴(机加工)、大臂桁架的加工工艺。

表 6-7　金属切削带锯床焊接主轴加工工艺

工序	图　样	工　艺
1	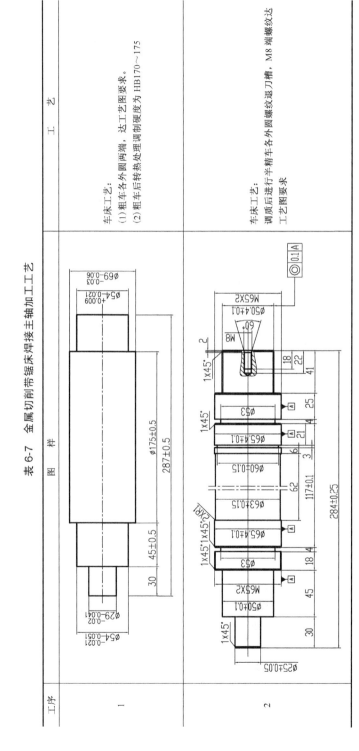	车床工艺： (1) 粗车各外圆两端，达工艺图要求。 (2) 粗车后转热处理调制硬度为 HB170～175
2		车床工艺： 调质后进行半精车各外圆螺纹退刀槽，M8 端螺纹达工艺图要求

续表

工序	图样	工艺
3	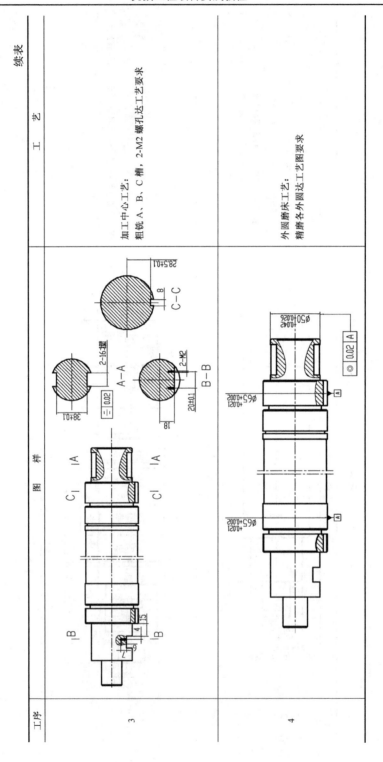	加工中心工艺： 粗铣A、B、C槽，2-M2螺孔达工艺要求
4		外圆磨床工艺： 精磨各外圆达工艺图要求

表 6-8　金属切削带锯床焊接大臂桁架加工工艺

工序	图样	工艺
1	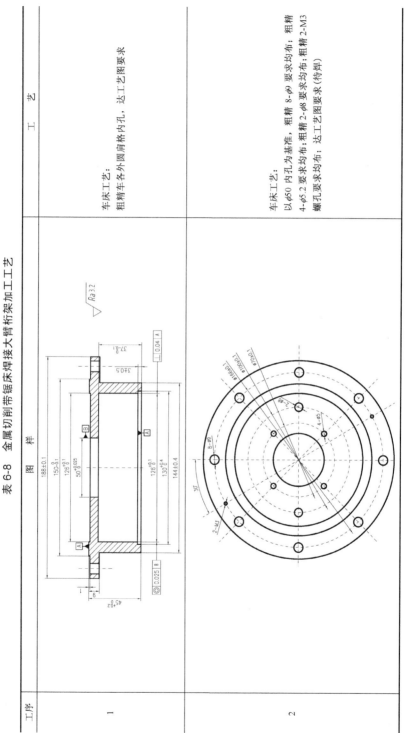	车床工艺： 粗精车各外圆肩格内孔，达工艺图要求
2		车床工艺： 以 φ50 内孔为基准，粗精 8-φ9 要求均布；粗精 4-φ5.2 要求均布；粗精 2-φ8 要求均布；粗精 2-M3 螺孔要求均布；达工艺图要求（待焊）

续表

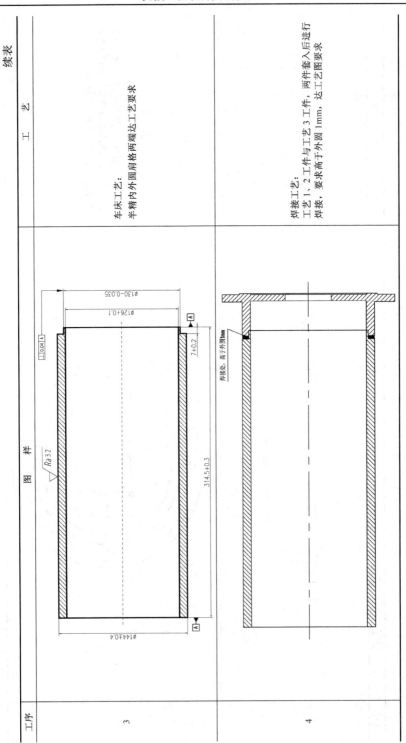

工序	图　样	工　艺
3		车床工艺: 半精内外圆肩胛两端达工艺要求
4		焊接工艺: 工艺1、2工件与工艺3工件,两件套入后进行焊接,要求高于外圆1mm,达工艺图要求

续表

工序	图　样	工　艺
5	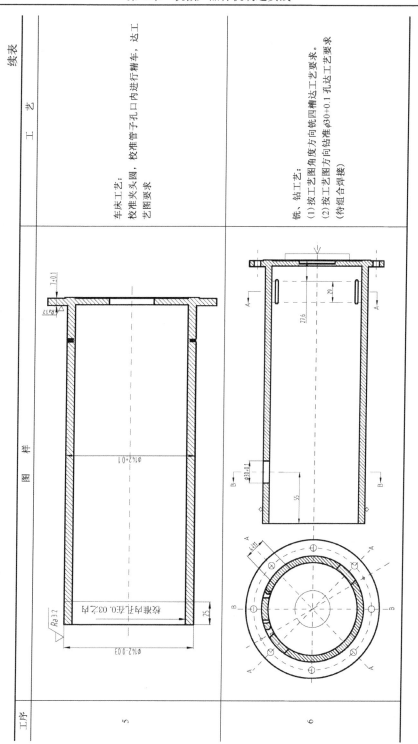	车床工艺： 校准夹头找圆，校准管子孔口内进行精车，达工艺图要求
6		铣、钻工艺： (1) 按工艺图角度方向铣四槽达工艺要求。 (2) 按工艺图方向钻准 φ30+0.1 孔达工艺要求 (待组合焊接)

续表

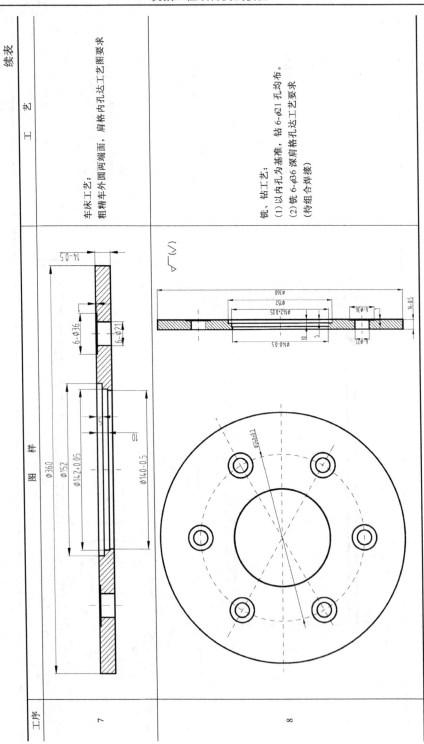

工序	图　样	工　艺
7		车床工艺： 粗精车外圆两端面，肩格内孔达工艺图要求
8		铣、钻工艺： (1)以内孔为基准，钻 6-φ21 孔均布。 (2)铣 6-φ36 深肩格孔达工艺要求 (待组合焊接)

参 考 文 献

[1] 中国机械工程学会. 中国机械工程技术发展路线图[M]. 北京：中国科学技术出版社，2011

[2] 赵婷婷，买楠楠. 基于大工程观的美国高等工程教育课程设置特点分析[J].高等教育研究，2004，25(6):94-101

[3] 时铭显. 高等工程教育必须回归工程和实践[J].中国高等教育，2002，22:14-16

[4] 周玲，孙艳丽，康小燕. 回归工程服务社会——美国大学工程教育的案例分析与思考[J]. 清华大学教育研究，2011，32(6):117-124

[5] 代薇. 试析项目教学的历史与发展[J].南昌教育学院学报，2011，26(5):128-130

[6] 杰克·吉多，詹姆斯·P. 克莱门斯. 成功的项目管理[M]. 张金成译. 北京：机械工业出版社，2004

[7] 宾图. 项目管理. 2 版[M]. 鲁耀斌，赵玲译. 北京：机械工程出版社，2010

[8] 骆珣. 项目管理教程[M]. 北京：机械工业出版社，2010

[9] 孙树栋. 机械工程项目管理[M]. 武汉：武汉理工大学出版社，2001

[10] 李培根. 谈专业教育中的宏思维能力培养[J]. 中国高等教育，2009，1:16-38

[11] 张志兰. 大学生毕业论文文献检索方法探究[J]. 内蒙古财经大学学报，2014，12(1):148-152

[12] 胡政. 机器人安全性工程研究综述[J]. 中国机械工程，2004，15(4):370-375

[13] 康永征，辛申伟. 跨学科视阈下的社会科学研究方法[M]. 北京：中国社会科学出版社，2012

[14] 邱若琳，张秋菊，邱玉宇. 老年人助步需求调查与分析[J]. 甘肃医药，2014，33(9):648-651

[15] Pahl G，Beitz W. Engineering Design: A Systematic Approach[M]. 3rd ed. London :Springer Verlag，2007

[16] 姜可. 老年人无障碍产品设计[J]. 包装工程，2006，27(6):296-347

[17] 憨态可掬！未来“助人”机器人让生活更美好[OL].http://news.xinhuanet.com/tech/2010-10/04/

[18] 刘海强，祁国宁，张太华，等. 复杂产品概念设计多学科过程建模方法研究[J]. 浙江大学学报，2009，43(3):517-522

[19] 任君卿，周根然，张明宝. 新产品开发[M]. 北京：科学出版社，2009

[20] 王连成. 工程系统论[M]. 北京：中国宇航出版社，2002

[21] 陈晓曦，王玥琳. 数字化样机技术在机械系统设计中的应用[J]. 天津工程师范学院学报，2008，18(2):33-54

[22] 赵红梅，岳建. 生产与运作管理[M]. 北京：人民邮电出版社，2007

[23] 冯之敬. 机械制造工程原理[M]. 北京：清华大学出版社，2008

[24] 王先逵. 机械制造工艺学[M]. 北京：机械工业出版社，2007

[25]　何庆复. 机械工程材料及选用[M]. 北京：中国铁道出版社，2001

[26]　贾全仓，安虎平，张智. 修配法在机械装配和修理中的应用技巧[J]. 机械研究与应用，18(5):32-34

[27]　郭士毅. 新产品试制总结报告的编写[J]. 企业标准化，2003，4:21-22

[28]　罗雪科. 数控机床[M]. 北京：中央广播电视大学出版社，2008

[29]　周宏斌. 三米滚珠丝杠螺旋线误差激光测量系统设计[D]. 济南：山东建筑大学硕士论文，2011

[30]　2005 年注册资产评估师《机电设备评估基础》考试大纲(十). 中国人事考试网，2005

[31]　宋会传，卢静，齐庆超. 基于数据处理方法的坐标系最佳抵偿面的推导选择[J]. 数据采集与处理，2009，24(5):54-57

[32]　马法杰. 基于牵引特性的采煤机电牵引部加载试验技术研究[D]. 青岛：山东科技大学硕士论文，2011